U0185857

AI向善

以人为中心的人工智能

Human-Centered AI

[美] 本·施耐德曼 (Ben Shneiderman) 著

张缦绮 译

中国科学技术出版社

·北 京·

Human-Centered AI by Ben Schneiderman, ISBN: 9780192845290

Copyright © Human-Centered AI was originally published in English in 2022. This translation is published by arrangement with Oxford University Press. China Science and Technology Press Co., Ltd. is solely responsible for this translation from the original work and Oxford University Press shall have no liability for any errors, omissions or inaccuracies or ambiguities in such translation or for any losses caused by reliance thereon.
Simplified Chinese translation copyright © 2024 by China Science and Technology Press Co., Ltd.
All rights reserved.

北京市版权局著作权合同登记　图字：01-2023-3707。

图书在版编目（CIP）数据

　　AI 向善：以人为中心的人工智能 /（美）本·施耐德曼（Ben Shneiderman）著；张缦绮译 . — 北京：中国科学技术出版社，2024.3

　　书名原文：Human-Centered AI

　　ISBN 978-7-5236-0517-2

　　Ⅰ . ① A… Ⅱ . ①本… ②张… Ⅲ . ①人工智能—研究 Ⅳ . ① TP18

中国国家版本馆 CIP 数据核字（2024）第 042135 号

策划编辑	杜凡如　任长玉	责任编辑	安莎莎
封面设计	奇文云海	版式设计	蚂蚁设计
责任校对	焦　宁	责任印制	李晓霖

出　　版	中国科学技术出版社
发　　行	中国科学技术出版社有限公司发行部
地　　址	北京市海淀区中关村南大街 16 号
邮　　编	100081
发行电话	010-62173865
传　　真	010-62173081
网　　址	http://www.cspbooks.com.cn

开　　本	710mm×1000mm　1/16
字　　数	247 千字
印　　张	18.5
版　　次	2024 年 3 月第 1 版
印　　次	2024 年 3 月第 1 次印刷
印　　刷	大厂回族自治县彩虹印刷有限公司
书　　号	ISBN 978-7-5236-0517-2 / TP·468
定　　价	89.00 元

（凡购买本社图书，如有缺页、倒页、脱页者，本社发行部负责调换）

本书内容源自我在前沿技术研究中心、高等院校和政府机构的 40 多次公开讲座。我对这些讲座内容进行了提炼，并阐述了三个主要观点。这些观点已被发表在三篇参考论文中，并得到了更多的反馈，这些反馈也使我在撰写本书的过程中得到了具体的、具有建设性的指导。在撰写的过程中，即便我描述了更具体的设计指南，但人权、正义和尊严等人类价值仍然在本书和人类发展中占主体地位和稳步发展。

"以人为中心的人工智能"（Human-Centered AI，简称 HCAI）为设计师提供了全新的思维方式，即构想一种支持人类实现自我效能、创造力、责任感和社交关系的新策略。该策略更加强调，HCAI 将减少人们对人工智能存在威胁的恐惧，并增加用户和社会在商业、教育、医疗健康、环境保护和社区安全方面的利益。

我的第一个想法是构思一个技术设计的框架，它展示了创意设计师如何构想出高度自动化的系统并保留人类的控制权。例如我们熟悉的设备，如电梯、自清洁烤箱、手机摄像头以及生命攸关的应用，如高度自动化汽车、遥控手术机器人、病人自控性镇痛设备。这些指南和示例阐明了设计人员如何在设计中同时实现"高度的人工控制"与"高度的自动化"。

我的第二个想法是展示人工智能研究的两个核心目标：模仿人类行为和开发有用的应用程序。两者都是有价值的，其产生的四对隐喻，可在开发产品和服务时相结合：

① 智能代理和超级工具；

② 队友和远程机器人；

③ 确定的自主性和控制中心；

④ 社交机器人和有源设备。

我的第三个想法是，弥合广泛讨论的 HCAI 道德原则与实现它们所需的实际步骤之间的差距。本书描述了如何改进已验证的技术实践、管理策略和独立的监督方法。它将指导软件团队领导、业务经理和组织领导开发：

① 基于成熟的软件工程实践的可靠系统；

② 通过业务管理策略营造的安全文化；

③ 通过独立监督和政府监管获得可信赖的认证。

设计师、软件工程师、程序员、团队领导和产品经理的技术实践包括，便于分析故障的审计跟踪，比如民航的飞行数据记录器（飞机黑匣子，该匣子实际是橙色的）一样。HCAI 介绍了软件工程的工作流程、验证和确认测试，以及增强公正性的偏差测试和可解释的 HCAI 用户界面。

安全文化管理策略的制定始于领导层对安全的承诺，从而带来更好的招聘实践和以安全为导向的培训。其他管理策略包括大量的故障和未遂事故报告、内部审查委员会对问题和未来计划，以及行业标准实践的一致性。

可信赖的认证来源于独立审计的会计师事务所和事故赔偿的保险公司。此外，还有非政府组织和公民社会组织提出设计原则，以及专业组织制定自愿标准和审慎政策。非政府组织的干预和监管将发挥重要作用，尤其是当其旨在加速创新时，如汽车安全和燃油效率方面。

虽然在研发过程中存在诸多挑战，但我希望，我能尽我所能为大家提供一份指导书和现实政策的路线图。

第一部分

什么是以人为中心的人工智能？

研究人员、开发人员、商业领袖、政策制定者等各方人员正在扩展"以技术为中心的人工智能"的范围，以涵盖"以人为中心的人工智能"的思维方式。从以算法为中心到以人为中心的这种拓展，有助于塑造技术的未来，从而更好地服务于人类的需求。教育工作者、设计师、软件工程师、产品经理、评估人员和政府机构工作人员可以采用人工智能驱动技术来设计产品和提供服务，使用户的生活变得更美好，让人们能够互相关心。人类一直是各式各样工具的制造者，现在，他们是超级工具的制造者，他们的发明可以改善人类健康、家庭生活、教育、商业、环境等方面。在过去十年中，机器学习和深度学习技术的显著提升为新的机会和一些潜在黑暗面敞开了大门。然而，人工智能研究人员、开发人员、商业领袖、政策制定者以及其他采用 HCAI 设计和测试策略来构建人工智能算法的人员，将拥有一个光明的未来。这种开阔的视野可以塑造技术的未来，从而更好地服务于人类的价值和需求。正如许多科技公司和思想领袖所言，我们的目标并非取代人类，而是通过设计选择赋予人类对技术的控制权。

詹姆斯·瓦特（James Watt）的蒸汽机、塞缪尔·莫尔斯（Samuel Morse）的电报和托马斯·爱迪生（Thomas Edison）的电灯都是技术突破，为交通、通信、商业和家庭带来了新的可能性。他们都超越了当时人们熟知的技术，创造了新的产品和服务，提升了人们的生活品质，同时带来了更大的可能性。但是，每个积极的进展也都可能被犯罪分子、极端组织、恐怖分子等恶意行为者所利用，因此，如果想减少这些威胁，就要谨慎关注技术的使用方式。莱特兄弟（Wright Brothers）的飞机、蒂姆·伯纳斯－李（Tim Berners-Lee）的万维网以及詹妮弗·杜德纳（Jennifer Doudna）和艾曼纽·夏彭蒂尔（Emmanuelle Charpentier）的基因组编辑，这些都是人类超越现有事物的前沿思维能力的充分体现。现在，随着新技术不断取得重大突破，我们有机会选择如何应用这些技术。

对于人工智能的高期望以及一些与人工智能有关的令人印象深刻的成果，如 AlphaGo 程序在围棋比赛中获胜，引发了世界范围内研究人员、开发人员、商业领袖和政策制定者的激烈探讨。近年来，机器学习和其他算法取得了惊人的进步，这一现象激发了人们的讨论，同时在医疗、制造和军事创新领域引起了巨额投资。

如果欣然接受一个以人为中心的未来，群体的影响力可能会变得更大。在这个未来里，增强人类能力的超级工具可能会变得更多，人类会用更非凡的方式掌控世界。HCAI 的这种颇具吸引力的前景是建立在人工智能方法的基础上，因此人们能够非常清晰地思考、创造和行动。HCAI 技术带来了超人的能力，增强了人类的创造力，同时提高了人类的表现和自我效能。当 HCAI 被应用到熟悉的产品中，这种效能就更加明显了。例如数码相机，它显然具有高度的人工智能控制，其许多人工智能支持自动设置光圈、调整焦距和防抖。同样，HCAI 导航系统也让步行者、骑行者、驾驶者和公共交通使用者能够使用人工智能程序的实时数据来预测出行时间，从而做出合理的选择。

HCAI 扩展了人工智能驱动算法的效力，展示了如何开发出放大、增强、赋权和提升人类表现的技术。这一思维方式会令读者兴奋，因为它描述了一个更安全、更易懂、更可控的未来。以人为中心的开发模式将会减少技术失控的风险，平息人们因机器人导致失业的担忧，并给予用户掌控感与成就感。除了个人体验之外，HCAI 还能更好地保护隐私安全、拦截错误信息和反击恶意行为者。人工智能与 HCAI 系统所带来的威胁是一个合理的担忧——任何赋予人们行善的技术也会赋予那些作恶的人权力。利益相关者可采取一系列策略，如谨慎设计的控件、审计跟踪和监督自治等，以实现一个可靠、安全、可信赖的系统。

本书将结合大量示例来逐步讲解最新的 HCAI 实现方法，以指导研究人员、开发人员、商业领袖和政策制定者。本书将提供一种 HCAI 框架，以指导创新，推进以人为中心的管理架构。造福人类成为创造更强大的超级工具、远程机器人、有源设备以及控制中心的原动力，这些工具能赋予用户非凡的能力。

用全新的视角重塑既定信念是最有力的变革工具之一，它可以解放研究人员和设计人员的固有思想，并在其基础上适应新的理念。许多欣然接受人工智能技术的人开始接受 HCAI 的思想，即对以人为中心的思想持开放态度。我希望，以传统人工智能技术为中心的群体在取得如此多重要突破的同时，也能接受以人为中心的观点，它为人类的命运带来了不同的视角。以人为中心的策略将通过提供满足人类需求的产品和服务，为人工智能带来更广泛的接受度和更大的影响力。通过鼓励人们充满激情地投身于赋权于人、丰富社区、激发希望的工作之中，HCAI 为人类提供了一种重视人权、正义和尊严的未来技术愿景。

第1章

对人工智能的高期望

> 分析机并没有自诩创造任何东西，但可以完成我们命令它的
> 任何事情。

阿达·洛夫莱斯（Ada Lovelace，1843）

　　本书提出了一种新的跨领域交叉研究方法，将人工智能、算法与人类的创造性思维相结合，打造出"以人为中心的人工智能"。该方法旨在赋能技术，并非完全代替人类。之前，研究人员和开发人员专注于搭建人工智能算法和系统，强调机器的自主性并测量算法的性能。如今，新的跨领域交叉研究方法通过提升用户体验、设计的价值感，以及观测人类的表现等手段，引起了人类用户和其他利益相关者同等的关注。HCAI 系统的研究人员和开发人员重视有价值的人类控制，坚持以人为本、服务于人的价值观念，如人权、正义和尊严，来实现自我效能、创造力、责任感、社交等目标。

　　这种新的跨领域交叉研究方法反映了一种日益普遍的转变，即从以技术为中心的思维拓展到以人为中心的愿望，并强调社会效益。自 2017 年发布《蒙特利尔宣言》（*Montreal Declaration for Responsible Development of AI*）以来，人们对 HCAI 的兴趣日益浓厚。该宣言呼吁人们致力于人类福祉、自主权和隐私权，并创造一个公正、平等的社会。以人为中心也是各种基金会的目标之一，这些组织寻求采用人工智能方法，如机器学习，来解决社会上的重大挑战。这些目标对社会需求的贡献与 HCAI 方法是一致的，其采用严苛的设计和评估方法，得出高影响力的研究成果。AI4GOOD 也制定了一些适当的目标，并通过 HCAI 方法指导研究人员和开发人员确定如何真正、有效地解决人类需求，比如政府的重要问题以及企业、学校和医疗系统的重大挑战。然而，每一次造福人类的机会都被日益强大的人工智能和 HCAI 系统的威胁所稀释，因为这些 HCAI 系统同样可以被恶意行为者所利用，如犯罪分子、极端组织和恐怖分子。

联合国人工智能公益全球峰会于 2017 年成立，是一个由热心的研究领袖、企业高管和积极的政策制定者组成的年度聚会，该峰会的主旨与上述为人工智能制定社会目标的运动是一致的。会议组织者表示，"他们的目标是确定人工智能的实际应用，并扩大这些解决方案的全球影响力"。联合国机构和成员国的努力以 2015 年制定的 17 项联合国可持续发展目标为指导，旨在设定 2030 年的愿景（图 1.1）。这些目标包括消除贫困、零饥饿、优质教育、减少不平等，此外还涉及环境问题，如气候行动、陆地生物和水下生物保护以及可持续发展的城市和社区。虽然上述目标在社会、政治和心理等层面上都需要随之改变，但在寻找解决方案的过程中，人工智能和 HCAI 技术将持续发挥作用。

参照每个国家的 169 项具体指标，如：可获得基础服务家庭的人口比例、孕产妇死亡率、使用饮用水服务等安全管理的人口比例，决策者将评估这些目标达成的进展情况。

在人类福祉的概念中，一系列相关的目标都囊括在内，这些目标也是最新的 IEEE P7010 标准的基本要素，该标准制定人希望鼓励 HCAI 研究人员和开发人员"评估、管理和改善影响人类和社会福祉的因素，并从个人用户拓展到公众群体"。成功的 HCAI 方法及应用对这些行动有极大的促进作用。对所有技术而言，以人为中心的方法和设计思路都会对其有所帮助，

图 1.1　17 项联合国可持续发展目标

但 HCAI 可能是技术的一个强有力结合，在面临目前的重大挑战时非常有价值。

那么主要的问题是，我们所说的 HCAI 是什么？它与人工智能有什么不同？HCAI 定义有很多，但如下两个关键方面值得注意。

（1）过程：HCAI 建立在用户体验的基础上，如对用户的观察、利益相关者的参与、可用性测试、迭代改进和持续评估人类在使用人工智能和机器学习的系统中的表现等。

（2）产品：HCAI 系统旨在成为放大、增强、赋权和提升人类表现的超级工具。它强调人的控制，同时通过人工智能和机器学习的方式实现高度自动化，例如数码相机和导航系统，它们可被人类操控的同时又具备许多自动化功能。

HCAI 的目标是提高人类的自我效能、创造力、责任感和社交关系，同时降低恶意行为、数据偏差和软件缺陷的影响。

本书提出了技术设计变革的三个全新理念，并以人为中心，形成一种跨领域交叉研究方法。

HCAI 框架用于指导富有创新思想的设计师，确保高度自动化系统具备以人为中心的思想，包括我们熟悉的设备，如恒温器、电梯、自清洁烤箱、手机摄像头以及生命攸关的应用，如高度自动化汽车、患者自控性镇痛设备。新的框架目标是实现具备高度的人工控制与高度自动化的系统。

设计隐喻用于表明人工智能研究的两个核心目标：科学和创新。两者都是有价值的，但研究人员、开发人员、商业领袖和政策制定者需要创造性地找到将其结合起来的有效方法，以造福人类。如下四对设计隐喻可用于结合人工智能研究的两个目标。

①智能代理和超级工具；
②队友和远程机器人；
③确定的自主性和控制中心；
④社交机器人和有源设备。

记者、作家、平面设计师和好莱坞制片人都被机器人和人工智能的无限可能所吸引，因此，要改变人们对以人为中心观念的态度和期望，至少需要一代人的时间。凭借着全新理念，研究人员、开发人员、商业领袖和政策制定者可以找到加速 HCAI 思想的组合设计。HCAI 强调，人工智能威胁论是毫无根据的，HCAI 将降低人们对人工智能的恐惧，增强人们使用技术以满足日常需求和创造性探索的信念，并提升用户和社会在商业、教育、医疗保健、环境保护和社区安全方面的利益。

治理结构用于弥合广泛讨论的道德原则与实现它们所需的实际步骤之间的差距。软件团队领导、业务经理和组织领导必须改进已验证的技术实践、管理策略和独立的监督方法，以实现以下预期目标：

①基于成熟的软件工程实践的可靠系统；

②通过业务管理策略营造的安全文化；

③通过独立监督和政府监管获得可信赖的认证。

设计师、软件工程师、程序员、团队领导和产品经理的技术实践包括用于分析故障的审计跟踪，比如民航的飞行数据记录器（飞机黑匣子，该匣子实际是橙色的）。本书第四部分介绍了如何将坚实的现有实践应用于软件工程工作流程、验证和确认测试、增强公平性的偏差测试和可解释的用户界面之中。

安全文化管理策略的制定始于领导层对安全的承诺，以开展更好的招聘实践和以安全为导向的培训。此外，其他管理策略包括大量的故障和未遂事故报告的集合，这些报告分为内部报告和外部报告：内部报告来源于员工报告，外部报告来源于报告的用户、内部审查委员会和行业标准实践的一致性评估等。

可信赖的认证和明确的责任来源于独立审计的会计师事务所和保险公司。此外，还来源于非政府组织和公民社会组织提出的设计原则以及专业组织制定的标准和审慎政策。对可信度的进一步支持是政府立法和监管，但认证和独立监管的倡导者将不得不应对监管阻力和走后门现象，即企业领导人在监管机构任职。

本书的第二、三、四部分介绍了这三个全新理念。它们是未来实现愿望、目标和人类价值观的基础，是对本书的简要概述，本书框架如图 1.2 所示。利益相关者虽然参与各个方面，但是来自恶意行为者、偏见和软件缺陷的威胁在利益相关者心中仍然表现很突出。

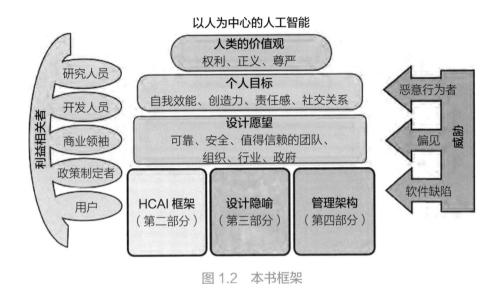

图 1.2　本书框架

成功的自动化产品就在我们身边。导航系统可以显示可供驾驶员选择的路线及其预计到达的时间；电子商务网站可以为购物者提供相关选项、顾客反馈和明确的定价，以便他们找到并购买所需商品；电梯、洗衣机和航空检票亭也使得用户能够快速可靠地完成他们所需做的事情。当摄影师拍摄照片时，现代相机能适当辅助对焦和曝光，用户可以在技术自动优化细节的帮助下进行构图，产生对技术的掌控感和成就感。这些数以万计的移动设备应用程序和基于云计算的 Web 服务使用户能够自信地甚至自豪地完成他们的任务。

在一个蓬勃发展的强自动化世界中，清晰、方便的界面可以让人类更好地控制自动化设备，充分发挥人的主动性、创造性和责任感。成功的、强大的超级工具能让用户自信地完成更丰富的任务，比如，帮建筑师找到创新方法以设计节能的建筑，为记者提供深入挖掘数据的工具以揭露欺诈和腐败。其他 HCAI 超级工具可以让临床医生检测新出现的医疗状况，让行业监管机构发现不公正的招聘，让审计人员发现抵押贷款审批中的偏见。

人工智能算法和 HCAI 用户界面的设计者必须勤勤恳恳地工作，以确保其工作所带来的收益大于付出。然而我们面临的真正挑战是，如何在用户快乐、企业繁荣的智能城市"乌托邦"愿景与用户沮丧、资本主义监视、政治操纵社交媒体的"反乌托邦"情景之间绘制一条路径。为研究人员、开发人员、商业领袖和政策制定者开展以人为中心的培训将在很大程度上减少损害和风险。不断丰富的数据库是一个良好的开端，这些数据中包含多起人工智能事件和事故报告，这些报告提供了因潜在问题而造成恐慌的示例。

人类擅长制造能够扩展其创造力的工具，然后使用这些工具，且其使用方式比设计师所设想的方式更创新。现在是让更多的人在更多的时间里更有创造力的时候了。欣赏和放大人类重要特征的技术设计师最有可能发明出我称之为超级工具、远程机器人和有源设备的下一代产品。这些设计师的思维将从试图用机器取代人类行为，转变为开发人们喜欢使用的应用程序。

本书所面向的读者是在塑造技术及其用途方面发挥作用的人，即打造 HCAI 系统的研究人员、开发人员、商业领袖和政策制定者以及从中受益的用户。图 1.3 列出了更广泛的用户和专业人士，他们都是可以发挥作用的利益相关者。

如果人工智能技术的开发人员多使用信息可视化，其算法工作将得到改善，且能帮助利益相关者更好地理解这些新技术的用途。传统的人工智能研究群体倾向于研究统计性机器学习和受神经网络启发的深度学习算法，这些算法可以自动地或自主地完成任务。然而，这种态度正在改变，因为信息可视化已经证明了其在理解深度学习、改进算法和减少错误方面的价值。可视化用户界面为开发人员、用户和其他利益相关者提供了更好的理解并赋予他们更多的控制权，使他们能够更好地了解假释申请、招聘、抵押贷款和其他应用程序的算法决策。

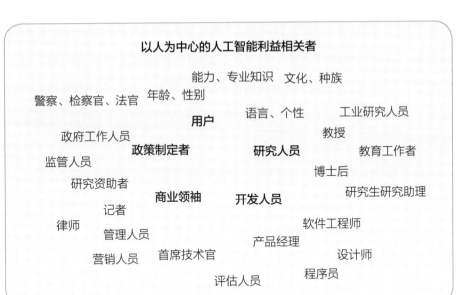

图 1.3　HCAI 的利益相关者与核心专业人员

在 2006—2008 年，我在美国国家科学院下的一个专家小组任职，我当时的任务是准备一份题为《在反恐斗争中保护个人隐私：项目评估框架》（*Protecting Individual Privacy in the Struggle Against Terrorists: A Framework for Program Assessment*）的报告，这一经历让我了解到如何评估人工智能系统。这一小组共有 21 人，成员来自不同的领域，但都令我印象深刻。小组由两位杰出人士担任联合主席：美国前国防部长威廉·J. 佩里（William J. Perry）和美国国家工程院院长、麻省理工学院前院长查尔斯·M. 维斯特（Charles M. Vest）。我们的工作是为数据挖掘、机器学习和行为监控等复杂的技术推荐评估方法，以便它们能够被安全地使用。所遇到困难之处是，我们需要严格评估这些新兴技术疯狂的信息索取行为，以保护个人隐私并限制不当使用。我的职责之一是研究独立的监督方法，阐明如何使用这些方法以及如何将它们应用于这些新兴技术。我们的统计测试过程被描述为"一个被用于评估基于信息的项目框架，以对抗恐怖主义和服务其他重要的

国际目标"，该框架成为政府机构和其他机构参考的一种模式。该小组的建议包括"美国政府的任何基于信息的反恐项目都应该受到强有力的、独立的监督……所有这些项目都应该为任何因其行为而受到不当伤害的个人提供有意义的补偿"。我们的结论是，周密的评估方法和独立的监督体系是促进技术安全使用的强有力的手段。

自该报告发布以来，人工智能在机器和深度学习方面的成功已经使其成为商业领袖和政府决策者的首要议题。众多畅销书，如尼克·博斯特罗姆（Nick Bostrom）的《超级智能：路径、危险、策略》（*Superintelligence: Paths, Dangers, Strategies*），以及斯图尔特·罗素（Stuart Russell）和彼得·诺维格（Peter Norvig）的《人工智能：现代方法》（*Artificial Intelligence: A Modern Approach*），赞美了人工智能的成就，提出了潜在的机会，并对可能出现的问题表示担忧。他们的作品激发了科技公司的强烈兴趣，这些公司迅速转变为人工智能公司，且多国政府承诺在国际上投入数十亿美元用于商业、医疗、运输、军事等其他应用领域中的人工智能应用。

另一方面，其他人的提醒敲响了警钟。凯茜·奥尼尔（Cathy O'Neil）在 2016 年出版的开创性著作《数学毁灭的武器：大数据如何加剧不平等并威胁民主》（*Weapons of Math Destruction: How Big Data Increases Inequality and Threatens Democracy*）阐述了大量被广泛使用的算法是不透明且有害的。作为一名哈佛毕业的华尔街分析师，凯茜深受尊敬，她的文章有力而清晰。她的书同欧盟《一般数据保护条例》（General Data Protection and Regulation，简称 GDPR）一起加快了开发可解释人工智能（简称 XAI）的步伐，使被拒绝的抵押贷款申请人、假释申请者或求职者能够得到有意义的解释。这种解释会帮助他们调整自己的要求或对不公正的决定提出质疑。在人工智能不断发展的过程中，信息可视化方法成为设计中越来越重要的一部分。

来自公益团体、专业协会和政府的 500 多份报告激发了人们对 HCAI 的兴趣，这些报告鼓励相关人员采取负责任的、合乎道德的方法。2003 年伊拉克战争中过度自主的爱国者导弹系统的致命故障以及涉及自动驾驶汽车的致命事故，凸显了人类对计算机的控制需求。虽然在 2018 年以及几个月后的 2019 年发生的两起波音 737 MAX 坠机事件与人工智能系统没有直接关系，但对自动系统的信任误导了设计师和监管机构。他们相信，机器中的算法可以完美地执行任务，甚至不用告知飞行员。当迎角传感器失灵时，算法迫使飞机将机头向下转，飞行员感到困惑，并反复尝试将机头向上转。经常被提及的讽刺、困境、难题、悖论和神话变成了致命的悲剧。

本书旨在成为引导期望的指南和现实政策的路线图。为了取得成功，HCAI 群体将不得不改变语言、隐喻和技术路线，这些技术建议类人机器人可以在计算机用户之间进行协作。人们用手触摸机器人的手或者一个人形机器人带着孩子行走，这类陈词滥调似乎已经过时且具有误导性。洗衣机或烘干机的控制面板是一个恰到好处的出发点，它们很可能孕育出下一个成功的商业产品。遥控无人机、远程激活的家庭控制装置和精确的手术设备也将会普及。雄心勃勃的美国国家航空航天局（NASA）火星探测器控制室、运输管理中心、患者监护显示器、金融交易室是有说服力的应用范本。医疗监视器和植入设备可由智能手机应用程序操作，将控制权交给用户，并将监督控制权交给临床医生和产品经理，他们可以同时监控数千个这样的设备，以便于改进设计。

未来将以人类为中心，并充满超级工具、远程机器人和有源设备，它们可以增强人类的能力，以非凡的方式赋予人们权力，同时确保人类的控制。HCAI 这种颇具吸引力的前景，通过将用户体验与嵌入式人工智能算法相结合，以支持用户想要的服务，使人们能够以非凡的方式看待、思考、创造和行动。

然而，我很清楚，我仍然是站在少数人的立场对未来进行构想，因此，在引导研究人员、开发人员、管理人员和政策制定者将以人为中心提上日程方面，还有很多工作要做。

长期以来，潜在的伦理体系一直是技术讨论的核心内容。接下来的三个章节将会介绍其中三个基本问题：

- 第 2 章：理性主义与经验主义如何推动人工智能的发展？
- 第 3 章：人类和计算机属于同一种类吗？
- 第 4 章：自动化、人工智能和机器人会导致大规模失业吗？

第 5 章将对这一部分进行总结，并告诉读者他们对我所阐述的方法可能持怀疑态度的原因。

第 2 章

理性主义与经验主义如何推动人工智能的发展？

人工智能与 HCAI 之间的对比，延续了 2000 年前亚里士多德（Aristotle）基于逻辑分析的理性主义与列奥纳多·达·芬奇（Leonardo da Vinci）基于对世界的感官探索的经验主义之间的冲突。两者都是有价值的，都值得我们去了解。

当人们使用艾罗伯特公司（iRobot）的 Roomba 机器人吸尘器时，差异就显而易见了。我很想购买这个设备，这种有源设备经过了 30 年的改进，已经卖出了 3 000 万台。客户在线评价中有 70% 是积极的（"我喜欢它""令人印象深刻"），只有少数人认为体验不佳（"绝对不喜欢这个产品""要求退货"）。Roomba 是一个很好的范本，但仍有改进的空间。其设计目标是让它能独立地给你的家或公寓房吸尘，它只有三个按钮和几个彩色灯。简单的"拥有者指南"（而不是"用户指南"）只有简短的几段文字介绍这三个按钮的使用方法以及指示灯的含义。

简单来讲，多数用户都希望 Roomba 可以独立完成任务，所以精简的用户界面也许是一个不错的决定。改进后的设计可以赋予用户控制权，用户能知道吸尘器接下来会做什么并规定打扫房间的顺序。这款智能手机应用程序显示了 Roomba 检测到的楼层地图，这一设计可以让用户更深入地了解吸尘器的动作，比如接下来去哪里，需要多长时间。Roomba 是由理性主义思维而非经验主义思维的人设计的，它可以独立完成任务，但无法带给用户更大的控制感。相比之下，大获成功、广受欢迎的数码相机则源于经验主义思维，它是一个用户优先的傻瓜式设备，具有很多易用控件，用户可以在多种操作模式中选择，包括自拍和人像模式，用户可以预览拍摄的图像。用户还可以拍摄视频或全景视图，编辑或添加注释，立即与朋友和家人分享。几十年前，只有专业摄影师才能拍出高质量的照片，然后可能需要花费几天甚至几周的时间打印照片，最后再将照片的复印件邮寄出去。

关于理性主义和经验主义的讨论很多，也甚是微妙，但我的理解是这样的。理性主义者相信逻辑思维，他们可以在舒适且熟悉的办公桌前或研究实验室里构思，他们主张规则的完备性以及形式化方法的效力，比如逻辑和数学证明。他们的假设有明确界限的常量——热与冷、湿与干。亚里士多德辨识到一些重要的区别，比如脊椎动物和无脊椎动物的不同、四种物质（土、水、气和火）的不同。这些分类是有用的，但在考虑其他选择、中间立场和新模式时，理性主义思维可能会有局限性。

亚里士多德专注于理性的反思而不是经验的观察，这有时会使他误入歧途，比如他相信女人只有 28 颗牙齿，而简单的验证就可以纠正他的错误。理性主义的追随者有勒内·笛卡儿（René Descartes）、巴鲁赫·斯宾诺莎（Baruch Spinoza）、伊曼努尔·康德（Immanuel Kant），以及 20 世纪著名的统计学家罗纳德·费希尔（Ronald Fisher）。由于亚里士多德对数据的过分执着而拒绝承认早期的吸烟数据，因此他继续吸烟，最终死于肺癌。理性主义，尤其是体现在逻辑、数学思维中的理性主义，是许多人工智能科学研究的基础，在这些研究中，基于逻辑思维的算法因其简练性而备受推崇，并以效率作为衡量标准。

基于理性思维开发的医疗信息系统，临床医生需要输入一组有限类别的数据或代码来获取健康报告。这种形式化有利于加强分类的一致性，但也有局限性，因为人类健康是无法仅用一组复选框或数值评分来衡量的，所以临床医生的文本报告更具价值。同样，决策树模型也有其优势和局限。研究人员在寻求商业产品和服务的人工智能创新的过程中意识到，理性的方法可能是一个良好的开端，但他们也知道，融入以人为中心的实证方法才会带来益处。

经验主义者认为，研究人员必须走出办公室和实验室，才能感知现实世界的复杂性、多样性和不确定性。他们明白，必须不断改善理念，才能应对不断变化的现实和新环境。达·芬奇用他敏锐的视觉来研究鸟类飞行，并根据障碍物周围的水流总结出了流体动力学原理。伽利略·伽利雷（Galileo Galilei）追随达·芬奇的脚步，注意到教堂里一盏枝形吊灯有节奏地摆动，从而得出了钟摆摆动次数的公式。19世纪30年代，查尔斯·达尔文（Charles Darwin）前往遥远的加拉帕戈斯群岛等地方，观察大自然丰富的多样性，因此提出了物种经过自然选择进化的学说。

约翰·洛克（John Locke）、大卫·休谟（David Hume），以及20世纪的统计学家约翰·图基（John Tukey）也是经验主义者，图基主张图形化地查看数据。经验主义思维和对人类同理心的观察是大多数用户体验设计群体的基础，这些群体会评估人类表现并改进设计。经验主义者对简单的二分法和复杂的本体论提出质疑，因为这些可能会限制人们的思维，削弱分析师分辨事物重要性的细微差别和非等级关系的能力。

理性主义观点是人工智能群体的一个强大支柱，让研究人员和开发人员强调基于逻辑的数据驱动编程解决方案。幸运的是，越来越多的人工智能研究转向实证方法，如情感计算、医疗保健、自然语言处理实证方法会议。当把目标定位为制造被广泛使用的消费设备时，人们就会增加对经验思维的关注度。

理性主义还相信，统计方法和机器学习算法已经足以实现人工智能在

定义明确的任务上与人类智力相当甚至超越人类智力的承诺。强烈主张数据驱动的统计方法与主张深入了解变量之间因果关系的领域专家形成了鲜明的对比。人工智能拥护者甚至表示，他们不再需要因果关系理论，机器学习将取代专业知识。还有一些人，比如图灵奖得主朱迪亚·珀尔（Judea Pearl），认为人工智能发展的下一步将是处理因果关系。

令人不安的是，预测不再需要因果解释，这表明统计相关性足以指导决策。没错，机器学习表明统计相关性可被当作一种"训练"算法的数据模式，但它仍需扩展，以处理出乎意料的极端情况，比如特斯拉（Tesla）自动驾驶汽车未能在白色天空背景中识别出白色卡车，因此发生碰撞并导致司机死亡。此外，机器学习还需要补充识别隐藏的偏差和预期模式的失效。改进机器学习技术能够使其在面临新情况的时候不那么脆弱，而人类是可以通过人类的常识和高级认知来应对这种情况的。人类的好奇心和对世界的渴望意味着人类致力于因果解释，即使事件有一系列复杂的远因和近因。

理性主义和经验主义这两种哲学都提供了有价值的见解，所以我运用理性思维的优势，并与经验主义的观点相结合，同时使用观察策略，帮助我发现其他的可能性。关注技术的用户总是能给我带来新的见解，所以我被可用性研究、访谈、自然观察所吸引。我反复进行长达数周的案例研究，让用户继续他们的工作，以弥补在实验室环境中用理性主义方法进行控制实验的局限。

我认为，以用户的同理心为出发点，以谦逊的态度推进机器和人类极限的设计理念，将有助于建立更可靠、更安全、更值得信赖的系统。同理心使设计师能敏感地察觉到用户可能产生的困惑和失望，以及人工智能系统发生故障时所造成的危害，尤其是在重大且生命攸关的应用领域中。谦逊使设计人员认识到审计跟踪的必要性，当不可避免的故障发生时，审计跟踪可以进行回溯分析。理性主义者倾向于期望实现最优的性能；经验主义者总是在寻找可能出错的地方和可以改进的地方。两者都凭借用户反馈信息茁壮发展。

设计启示

未来的技术设计与理性主义或经验主义的主张密切相关。出于对理性主义的青睐，一些研究人员倾向于认可计算机在没有人类监督的情况下就能可靠运行的观点。虽然批评者指出了关于不完善的自动设备的讽刺、悖论、难题、致命神话和危险，但该方法仍然受到许多人的青睐。当重视致命性自主武器系统的军事项目开发者与担心误用危险的人对此进行争辩时，关于自主性的讨论就变得尤为激烈。

自动驾驶汽车或无人驾驶汽车是技术蓬勃发展的方向，如果设计师采取经验主义的观点，实现有意义的人类控制，即使在自动化水平提高的情况下，自动驾驶也可以达到足够的安全水平。从无人驾驶汽车转变为以安全为先的汽车，可能会更快地改进已被证实的方法，如避免碰撞、车道跟随和停车辅助。先进驾驶辅助系统等术语的转变表明，人们意识到，与推进自动驾驶汽车相比，提高人类驾驶员的驾驶技术是一个更具建设性的目标。人们将在车对车通信、公路建设的完善、以空中交通管制中心战略为基础的先进高速公路管理控制中心等方面进行进一步的改进。

诸多人工智能从业者仍然构想社交机器人将在未来成为我们的队友、伙伴和合作者。但制造假装有情感的机器似乎适得其反，人工智能设计师也因此致力于不正确的目标。计算机没有情感，但人类有。现如今，类人社交机器人仍属新奇事物，其主要集中在娱乐领域。

人工智能群体对理性主义的青睐导致开发人员一直倾向于自主设计，

并相信计算机可以在没有人类监督的情况下可靠地运行。虽然越来越多的声音高呼"人机共舞",但这一短语往往意味着妥协。那些寻求完整、完善系统的人反对人工智能需要人为干预、监督和控制的观点。

对我来说,一个更有说服力的观点是,人类能够快乐地融入社交网络,而计算机仅发挥辅助作用。人类在他们想要取悦、激励和尊重的上司、同事和员工的社会结构中茁壮成长。人们还希望得到反馈、对自己成就的赞赏,以及关于如何获得更好的辅助性指导。他们使用计算机来增强他们的能力,使他们以称职、安全或非凡的方式工作。这种态度与贴在汽车保险杠上的一句话非常切合,即"人类在群体中,计算机在循环中"(图2.1)。这句话提醒我们,人们是社会性的,可以使用计算机来支持他们的表现。

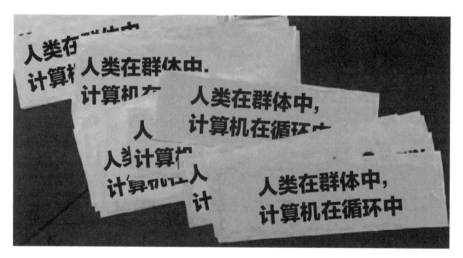

图 2.1　保险杠贴纸上"人类在群体中,计算机在循环中"的宣传语

随着人们认识到人类必须对技术进行有意义的控制并明确要对其行为结果负责,技术设计的进展也因此会加速。这种以人为中心的经验主义驱动的战略似乎适合于军事应用,因为军事领域的核心价值是指挥系统中的责任方。

自动化是由人类调用的,但人类必须能够预测将会发生什么,因为人类才是责任方。让用户预测将要发生的事情的一种有效方法是直接操作设计——对象和动作在屏幕上显示；由人类选择执行哪些动作；操作和对象都是可见的。用户把文件拖进垃圾桶，一声提示音表明文件已删除。触摸屏幕的捏合、点击和左右滑动也可以变得很自然。视觉界面可以提供概览，允许用户放大他们想要的，过滤掉他们不想要的，然后按需获取详细信息。因此，在可能的情况下，人类是受控的，计算机是可预测的。

人们希望有反馈信息，以便知道他们的意图正在被计算机执行。他们也想知道计算机下一步会做什么，并有足够的时间停止或改变其动作。这就解释了为什么对话框里有一个"取消"按钮，这样就有一种方法来停止你不希望进行的操作，并返回到先前状态。

自主设计的拥护者通常认为机器会做正确的事情，他们对提供足够的反馈几乎没有兴趣，甚至对记录活动以支持对故障的回顾性审查更没有兴趣。效仿民用航空是一种更好的策略，在每个机器人中安装一个"飞行数据记录器"，添加审计跟踪模块，也称为活动日志或产品日志。当在处理结果和生命攸关的应用程序时采取适当的保守手段，能够对故障和未遂事件进行回溯性分析，以供审查使用。

随着人工智能驱动系统的缺陷出现，人们对其完美性的信念被打破，人工智能研究人员被迫解决诸如对抵押贷款申请或假释申请的评估偏见等问题，他们开始考虑公正性、问责性、透明度、可解释性等其他设计特征，让开发人员、管理人员、用户和律师更好地了解正在发生的事情，而非之前的黑匣子。好消息是，越来越多的人工智能研究人员正在转向经验主义思维，着手研究如何发现偏见、何种解释是成功的，以及什么样的申诉补救方法效果更好。

HCAI 群体信奉经验主义，因此他们倾向于设计以用户为中心的系统。HCAI 设计师首先观察用户在家中和工作场所的表现，采访用户以获得他

们的反馈，并通过实证研究来验证假设。设计师通过用户体验测试来指导设计的反复修改，并在系统的使用过程中持续监控以获得用户实时反馈。HCAI 思维提出了事件报告和意见箱模式，如美国食品和药物管理局的不良事件报告系统和美国联邦航空管理局的航空安全报告系统。

人工智能项目通常专注于取代人类，而 HCAI 设计师更喜欢开发内置信息而不是事后添加的、丰富的可视化信息。如今，绝大多数的应用程序都给了用户更多的控制权——比如显示高速公路导航路线、显示运动历史、显示金融投资组合。这些丰富的显示信息让用户清楚地了解正在发生的事情以及他们可以做什么。现在，视觉显示经常与基于语音识别的音频界面相辅相成，为不同的用户完成任务开辟了新的可能性。

那些与理性主义者一样相信计算机正在取代人类的人认为，未来的计算机将和人类一样聪明，并与人类分享情感。简而言之，他们认为，人类与计算机之间没有区别，所以我将在下一章对此进行解释，为什么我认为人类与计算机属于不同的类别。

第3章

人类和计算机属于同一种类吗？

传统的人工智能倡导者与 HCAI 支持者之间的第二个分歧点是，人类与计算机属于同一种类，还是说两者截然不同。斯坦福大学发布的 AI-100 报告称，"算术计算器和人脑之间的区别不在于种类，而在于规模、速度、自主程度和通用性"，这一信息表明人类和计算机属于同一种类。相反，许多 HCAI 的支持者认为，两者之间存在巨大差异："人类不是计算机，计算机也不是人类。"

这并不是说人类有灵魂，有精神，或者是一种神秘的生命火花；人类经过漫长的精神文化进化而形成的卓越能力值得被赞赏。如今所见的人类的生活只能在人们历经几代人精益求精的卓越工具（如语言、音乐、艺术和数学）和技术（如服装、住房、飞机和计算机）的背景下才能看到。人类在农业、医疗保健、城市和法律体系等领域的创造力也十分显著。我认为，我们的历史作用是为这些技术、思维工具和文化体系增添新的内容。制造一个模仿人类行为的机器人是有价值的，但我更感兴趣的是能将人类能力大大增强百倍甚至千倍的超级工具。过去的成就已经造就了一些惊人的技术进步，如计算机、万维网、电子邮件和移动设备。

也许我应该更开放地讨论最终可能发生的事情。也许我应该让富有想象力的科幻故事打开我的思维，让我看到有知觉的计算机、有意识的机器和具有超级智能的人工智能生物的新可能。我的动力来自这样一种假设，即人类具有独特的创造力，我是为了制造设计精良的超级工具而努力，以提高人类的表现。

人类与计算机之间的界限变得模糊后，人们会削弱对人类丰富性、多

样性和创造力的欣赏。我更喜欢赞美人类的伟大成就，如语言、艺术、音乐、建筑等方面的卓越文化成就，以及机器学习和相关算法。明确人类与计算机之间的区别，可以增加对人类责任的尊重，并指导人们以适当的方式利用计算机的能力。

人类有身体，拥有身体使我们成为人类。我们能感受到痛苦和快乐，悲伤和喜悦。我们可以哭、可以笑，可以跳舞、可以吃饭，可以恋爱、可以思考，这都是人类生活的一部分。情绪和情感既能让人感到愉悦，也会让人感到害怕。人类的情绪远不止保罗·艾克曼（Paul Ekman）描述的七种基本情绪：愤怒、蔑视、厌恶、享受、恐惧、悲伤和惊讶。他的观点已经被人工智能群体所使用，其过度简化了人类情感及其面部表情的复杂性。丰富人类情绪画像的一个方向是，假设人类有更多的情绪（图 3.1）。

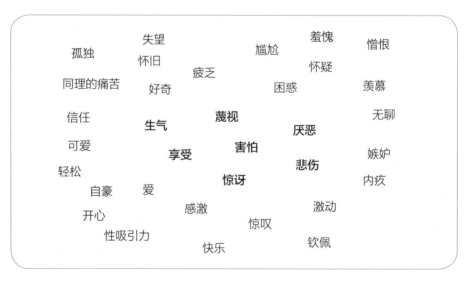

图 3.1　人类的情绪

注：保罗·艾克曼的七种情绪（蓝色）、消极情绪（红色）、积极情绪（绿色）和其他一些情绪（灰色）。

资料来源：改编自苏珊娜·帕尔茨（Susannah Paletz），《社交媒体情绪标注指南》《Emotions Annotation Guide for Social Media》，3.32 版，2020 年 1 月 21 日。

对于那些更喜欢视觉表现的人来说，这种视觉表现也暗示了情绪强弱之间的变化以及介于两类之间的情绪的可能性，罗伯特·普拉奇克（Robert Plutchik）提出的一种带有 32 种情绪的轮状图更能说明这一点（图 3.2）。

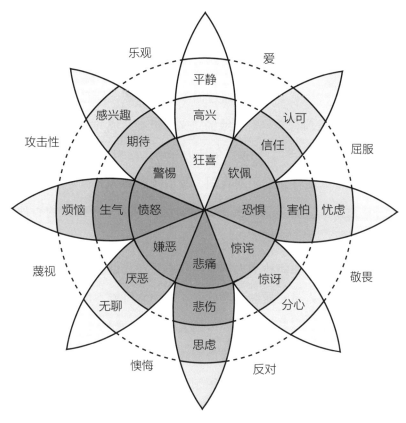

图 3.2　人类情感之轮

资料来源：罗伯特·普拉奇克，1980 年，维基共享资源。

另一项研究严厉地批评了保罗·艾克曼的经典情绪模型。在这个模型中，内在的情绪状态触发了准确的情绪自动表达，这一点对于所有人来说都是一样的。然而，在最近的研究中，如美国东北大学心理学家丽莎·费尔德曼－巴雷特（Lisa Feldman-Barrett）的研究，更倾向于一种"情绪构建"理论，该理论认为，情绪是由感官知觉、文化规范和个人经验产生的，因此情绪的表达因人而异。她将人类的情绪反应描述为基于多种因素组成，而不是自动触发且超出人类控制的。因此，面部表情和肢体语言是人们犯罪意图、快乐或恐惧判断的弱指标。人类行为比开发人员所假设的人脸识别程序简单算法要复杂得多。可测量的人类行为，如打断说话者、靠近或远离某人，以及进行眼神交流，可以提供有价值的反馈，帮助人们改变他们的行为。

人类的情绪极其复杂，无法通过简单的过程来识别它们。维基百科对情绪的总结是："目前科学界对情绪的定义还没有达成共识。情绪通常与一个人的心情、气质、个性、性格、创造力和动机交织在一起。"试图用面部识别来确定一个人的性格、犯罪意图、政治倾向的努力，可能与不足信的颅相学一样危险，颅相学认为头部和头骨结构表明了一个人的心理能力、个性或犯罪倾向。

虽然关于计算机如何检测人类情绪状态并对其做出反应还有大量工作要做，但许多研究人员正质疑其准确性。即便它可能不准确，那么让社交机器人通过面部特征、肢体语言和口语表达情绪的想法也令人担忧。无论是陈腐的还是有意的欺骗性做法，都会破坏设计师寻求建立的信任。机器人的情绪反应可能在娱乐或游戏应用领域中很有用，这可能足以证明这项研究的合理性，但对于大多数应用领域而言，用户希望在最小的干扰下完成任务。有些用户可能会对假装表达情感的机器人感到厌烦或不信任。

情绪分析是一种更有前途、更可靠的策略，它能够分析社交媒体帖子、产品评论或报纸头条的内容。这种针对汇总数据的分析方法，不会试图识别当前的个人情绪，但可以指出男性与女性、民主党与共和党、不同种族群体、不同社会经济群体在语言表达上的差异点。情绪分析还可以指出某些事物随时间发生的变化，例如，报纸标题变得越来越负面。

对某些人来说，用计算机模仿人类是一种愉快的追求，但技术设计师的灵感可以被其他构想所释放。更雄心勃勃的目标会带来更有价值的创新，如万维网、信息可视化、辅助技术、维基百科、增强现实。这些创新扩展了人类的能力，使更多人更具创造力。

我的另一个核心目标是支持人与人之间的交流和合作，这已经催生了电子邮件、短信、视频会议、共享文档、社交媒体等方面的成功案例。可以通过网络访问的视频、音乐和游戏也获得了巨大的成功。人们在社交平台与朋友分享自己喜欢的内容、与大众进行交流、向广阔的市场推广业务等行为也十分活跃。但这些成功案例也有不足之处，如缺乏面对面接触、允许恶意骗局以及允许恶意行为者实施犯罪、散布仇恨或招募恐怖分子。用户应该具备更多的控制权，限制其从自主匿名机器人收到的信息类型，就像人们可以限制别人进入他们家一样。目前，社交媒体平台尚未赋予用户足够的控制权，用户应当管理自己的查看内容，从而限制机器控制权的滥用。

另一个问题是：制造外观和行为都像人一样的机器人有什么价值？有关这方面，我将在第三部分中展开叙述，一大群人相信类人机器人（也被称为拟人化机器人、人形机器人）是未来的发展方向。这个群体想要制造出一种在人类世界自由走动的社交机器人，它们有人脸、手臂、腿，且具备语言功能，可以用作老年看护机器人或灾难响应机器人。这一观念导致了长期以来一系列的失败。该观念的拥护者说，这一次与以往不同，计算机越来越强大，设计师的知识也越来越渊博。

对于用户界面设计，人与人之间的交流和关系只是其中的一种模式，而这种模式有时还会产生误导。改进的交互界面将使更多人能够更快、更有效地执行更多的任务。虽然声音是人与人之间交流的有效方式，但为了保证用户能够更快速地操作计算机，交互的视觉设计将是主要策略。尽管语音交流短暂而缓慢的特性限制了它的用途，但 Alexa（亚马逊公司的智能语音服务）和 Siri（苹果公司的智能语音助手）等语音交互仍发挥着重要的作用，尤其是在双手被占用但又需要使用语音服务的时候（详见第 16 章）。此外，人类生成的语音指令需要大量的认知努力和工作记忆资源，从而限制了其与手势和控制并行的可能性。

交互界面的设计应该是一致的、可预测的、可控的，如此，人类的掌控感、满足感和责任感才能得以实现。这将比那些具有适应性、自主性和拟人化的交互得到更广泛的应用。

增强人类的能力是一个有价值的目标。望远镜和显微镜是人眼的延伸，放大了人类的能力。计算器、数字图书馆和电子邮件能够帮助人类做一些无法独立完成的事情。我们需要更强大的工具来增强人们的能力。一种方法是开发创意辅助工具，为艺术家、音乐家、诗人、剧作家、摄影师和视频摄影师提供更大的灵活性，探索替代方案，并创造性地创作出一些新颖、有趣和有意义的东西。相机和乐器已经扩展了人类的可能性，但人类仍然是驱动创造力的源泉，新的设备将会延续这一传统。

然而，一些研究人员声称，人工智能技术不仅仅是赋予人们权力，这些新技术本身就是创造者。这种说法可以追溯到早期的计算机艺术，从 1968 年贾西娅·雷查特（Jasia Reichardt）在伦敦策划"控制论艺术的意外发现"（Cybernetic Serendipity）的展览开始。在那之后不久，哈罗德·科恩（Harold Cohen）开始致力于一个被他称为 AARON 的程序，该程序生成了植物、人以及更抽象的图像，并得到了广泛赞赏，因为它们看起来像人类创作的水彩画。然而，科恩显然是创造者，因此在 2014 年他获得了由最大的计算机图形专业协会国际图形图像协会颁发的数字艺术终身成就奖。

其他形式的计算机生成艺术通常带有算法生成特征，包含更多的几何图案，并为其艺术作品超出艺术家想象力的说法提供了有力的证据。保罗·布朗（Paul Brown）和欧内斯特·埃德蒙兹（Ernest Edmonds）等主要贡献者在世界各地举办过展览，他们的作品被各大美术馆和博物馆收藏。布朗使用不断改进的生成模式并寻求"自我创造"的艺术，他的书籍和展览让他被列为艺术家。埃德蒙兹也是一位受人尊敬的计算机科学家，他追求的是随着艺术欣赏者的不同而变化的交互式艺术体验。他利用计算过程"扩展、放大他的创作过程，而并非取代它"。同科恩一样，埃德蒙兹在2017年也获得了国际图形图像协会数字艺术终身成就奖。

当前的人工智能艺术创作者将他们的工作视为向前迈出的一步，因为他们创造了更宏伟的图像，这甚至让程序员感到惊讶。像亚历山大·莫德文采夫（Alexander Mordvintsev）等艺术家创造了一种神奇的东西，他们的生成式对抗网络（GAN）使用了机器学习算法，通过一组图像的训练，程序就可以自主创作新的图像。莫德文采夫的 DeepDream 程序生成了一些有趣但有时令人不安的图像：畸形的动物长着多个头，眼睛透过毛茸茸的四肢看过去，并与背景融合在一起，这是我们对现实认识的挑战。

虽然科恩认为 AARON 能够自主地产生惊人的图像，但他告诉我，他才是这些艺术品的创造者。虽然强大的算法和技术为艺术家提供了新的艺术创作方式，但艺术家仍然是创作激情的源泉。AARON 的作品和最近的人工智能艺术作品通过拍卖获得了关注，但收益和版权仍归艺术创作者本人所有。

计算机生成的音乐也引发了激烈讨论，即音乐是由人类程序员制作还是由人工智能驱动的计算机程序制作的。长期以来，计算机音乐算法一直能够生成巴赫（Bach）、甲壳虫乐队（Beatles）、莫扎特（Mozart）或麦当娜（Madonna）等风格的新音乐，但对于这一功劳应该归于创作者还是算法，批评者们意见不一。一些经过流行歌曲数据库训练的算法会生成歌词和音乐，给人一种更丰富的创新感。然而，爵士演奏家、音乐治疗师丹尼尔·萨里德（Daniel Sarid）等音乐家认为，这些探索是"了解人类认知和审美组织以及音乐语言构成的有趣练习，但与艺术无关"。萨里德建议作曲家

有一个更高的目标——他们正在"探索创作的集体无意识"的漫漫长路上。

一些人工智能热衷者希望将知识产权授予制作图像和音乐的计算机算法，但美国版权局规定只能将所有权授予人类或组织。虽然已经做出了类似的努力，但让计算机算法拥有专利，这一决策尚未获得法律批准。争论仍在继续，目前尚不清楚算法将如何捍卫自己的知识产权、支付赔偿金或因侵权而监禁。

随着时间的推移，我们会更清楚地认识到，人不是计算机，计算机也不是人。随着人们开发出更加宏伟的嵌入式计算机应用程序，作为人们关注对象的计算机将会消失，就像钢铁、塑料和玻璃在很大程度上已经成为我们周围环境中无形的存在一样。即使计算机变得更加强大，计算机智能的概念也将被视为天真和古怪的概念，如同现在的炼金术和占星术一样。

这就是未来，但让我们再来研究一下萦绕在许多人脑海中的一个更直接的问题：自动化、人工智能和机器人会导致大规模失业吗？

第4章

自动化、人工智能和机器人会导致大规模失业吗？

第三个讨论的问题涉及自动化、人工智能和机器人是否会导致大范围的失业。马丁·福特（Martin Ford）在 2015 年出版的《机器人来了》（*The Robots Are Coming*）等书籍中也表达了这一担忧；牛津大学的一份报告指出，到 2030 年，美国将有 47% 的工作实现自动化。然而，尽管自动化、人工智能和机器人得到普及，但美国 2020 年的失业率仍保持在 4% 以下，这表明大范围失业的荒谬说法明显是错误的。随后，新冠疫情的爆发导致了惨烈而广泛的影响，失业率因此上升。到 2021 年，疫苗开始控制新冠病例的增加，失业率再次开始下降。

2012 年，亚马逊收购了 Kiva Robotics 公司，许多人猜测亚马逊将裁减 125 000 名员工。但到 2021 年，尽管机器人的使用有所增加，亚马逊的员工人数却超过了 100 万。尤其是在新冠疫情期间，需求的急剧增长更为极端，这一现象导致供应链、订单履行中心、配送网络的劳动力需求大幅增加。亚马逊精心设计的电子商务网站和低廉的价格给人们带来了许多好处，这也是需求增加的原因。虽然亚马逊因其反对工会的行为而受到批评，但它领导了许多公司向员工提供 15 美元的最低时薪，尽管亚马逊往往会减少一些员工福利。一些有关苛刻的工作条件和受伤率比其他公司更高的报道，导致许多消费者拒绝在亚马逊购物。尽管有许多潜在员工在等待就业机会，但争议仍然存在，抗议者甚至出现在亚马逊物流中心。人们不知道的是，

有多少名小商店员工失去了工作，就有多少当地供应商和制造商因为亚马逊巨大的网络销售而增加了工作岗位。没错，虽然这些变化是破坏性的，但对整体就业的影响不明显，而且有利于消费者，并促进了商品销量。

另一个困境是，失业率并不是一个完美的衡量标准，因为它没有把已退出就业市场的人计算在内，也把越来越多享受低福利低工资的工人排除在外。企业所有者可能更关心的是市场估值而不是利润，因此他们的目标是薄利多销，而非改善员工待遇。

自动化似乎加剧了财富的集中，导致了不平等问题日益严重，这对受教育程度较低的工人影响最大。以员工待遇为代价来实现销量增长，是自动化程度提高所带来的严重危害。亚马逊一直反对引入工会，过去的工会让工人获得了更好的薪酬、工作条件、医疗保险，以及儿童保育、带薪假期和养老金等福利。因此，核心问题是如何更合理地分配自动化带来的利益。

从古登堡（Gutenberg）发明印刷机导致抄写员失业开始，几百年来，自动化一直在取代某些岗位的工作。然而，自动化通常会降低成本，提高质量，从而引发需求的大幅度增加，进而扩大生产以应对不断增长的市场，造福于更多人。生产的扩大、分销渠道的拓宽、产品的新颖性会促进就业。低成本书籍开拓了更大的市场，图书发行和销售网络也随之增长，人们的识字率也大大提高了。书籍产量增加的另一个好处是，满足了作者的写作需求，这也导致了一些创造性表达、宗教争议和政治动荡。书籍是一种强大的颠覆力量，它们通常被视为教育、商业、健康等领域的加速器。

基于人工智能的自动化引发了一些混乱，这种混乱遵循一种熟知的历史模式，也让人们对前所未见的大规模失业表示担忧。在我和许多经济学家看来，这一次的影响将比以往任何时候都更严重的说法似乎是没有说服力的。1900 年，农业人口占就业人口的 40%，但现在只有 4%，但我们并没有看到 36% 的失业率。在农业综合企业、庞大的食品分销网络、加工食品制造商的供应商中，就业人数有所增加，而不是所有的人都从事农业食品生产。超市里摆满了各种各样价格合理的农产品和包装产品，它们创造了新的就业机会。此外，分别面向富人和穷人的餐馆也创造了新的就业机会。但是，令人担忧的是，自动化的急剧增长已经很大程度地加剧了不平等现象，且目前不平等已经上升到令人不安的水平。

随着人们对社交机器人的热情日益高涨，人们对机器人流程自动化的兴趣和恐惧都急剧增加，它延续了会计和后台自动化的悠久历史，即机器取代了华尔街的股票市场交易员和支票清算文员的工作。机器人流程自动化仍在推动更多的会计和文书工作自动化，这对受影响的人来说是痛苦的，这一次与之前自动化浪潮的规模相当。竞争的压力是现实的，但交易成本的降低对许多人来说是有利的。受人尊敬的社会公益型公司可以向这些失业工人分享自动化的益处，并给他们提供更好的工作培训或帮助他们在其他地方找到工作。

对技术大革命影响的夸大至少可以追溯到早期的电报业、汽车业和航空业。1970 年，阿尔文·托夫勒（Alvin Toffler）的国际畅销书《未来冲击》（*Future Shock*）使用了强硬的语言，宣称"现在发生的一切，可能比工业革命的影响更巨大、更深远、更重要……不亚于人类历史上的第二次大分歧，其规模仅与……从野蛮到文明的转变相当"。是的，20 世纪 70 年代确实发生了动荡的变化，但类似的动荡时期将持续存在。历史的教训对我们来说是熟悉且清晰的。

● 18 世纪早期，织布机引发了勒德分子（Luddite）[1] 起义，纺织品价格大幅下降，引发了更大的需求。布料生产的扩大、时尚产业的发展以及新增的服装销售渠道推动了就业增长，同时也让更多的人拥有更多的衣服。

---

❶ 19 世纪英国工业革命时期，因为机器代替了人力而失业的技术工人。——编者注

● 1839 年，当路易斯·达盖尔（Louis Daguerre）宣布摄影被发明时，法国著名艺术家路易斯·德拉罗什（Louis Delaroche）宣称"从今日开始，绘画已经消亡"，但蓬勃发展的印象派和其他艺术运动表明，除了写实的风景和肖像，还有很多创造性的工作要做。摄影、视频和视觉传播扩展了创意的可能性，成为大业务，丰富了人们的生活。

● 20 世纪 60 年代，由于自动柜员机的出现，人们担心银行职员将会失业，但随着住宅担保贷款和信用卡等服务的扩大，银行的营业网点也增加了，就业人数也相应增加了。如今，随着网上银行的普及，一些地方分行可能不复存在，但银行和金融服务行业的就业人数仍在上升。

自动化的主要作用通常是降低成本和提高质量，从而增加需求和扩大生产，在增加就业的同时为客户带来利益。自动化也会使某些技能过时，从而产生颠覆性的影响。因此，技术创新者和决策者面临着巨大的挑战，尤其是帮助那些失去工作的人以及确保更公平地分配自动化带来的利益——工人如何赚取工资维持生活，并获得更好的待遇。

麻省理工学院未来工作（Work of the Future）项目在其 2020 年深度报告中强调了确保更公平地分享自动化所带来利益的必要性，该报告呼吁政策制定者构建"未来的工作将收获快速发展的自动化和功能更强大的计算机所带来的红利，从而为工人提供机会和经济保障"。该报告的作者团队由大卫·奥特（David Autor）、大卫·明德尔（David Mindell）和伊丽莎白·雷诺兹（Elisabeth Reynolds）领导，他们认识到，变化不会自然到来，因此必须向商业领袖施加压力："为了将技术创新带来的不断提高的生产力转化为广泛共享的收益，我们必须促进与技术变革相辅相成的制度创新。"

该报告重申，未来的工作是光明的：

"我们预计，在未来 20 年，工业化国家的就业机会将比工人更多，机器人技术和自动化将在缩小这些差距方面发挥越来越重要的作用……创新带来了新的职业，产生了对新形式专业知识的需求，并创造了回报丰厚的工作机会。"

尽管对失业者的影响很严重，但该报告仍表示："新的商品和服务、新的行业和职业需要新技能和新机遇。"

美国劳工统计局列出了就业预计会增长的职业，尤其是医疗保健行业，如家庭保健助理、注册护士、医疗治疗师、医疗经理、心理健康顾问、护理助理等职业的就业率从 12% 增加到 22%。其他增长的领域是针对较年轻、受教育程度较低或移民群体的初级工作，如食品配送、快餐工人和仓库员工。更优的工作来自技术领域，如软件工程、财务管理、可再生能源系统安装。

什么形式的公众压力、企业社会责任和政府监管将推动商业领袖和政策制定者通过提高最低工资、更好的医疗保险、扩大儿童保育来分享自动化带来的好处？如何才能让这些领导者相信，如果员工拥有更好的生活，并成为经济增长的积极参与者，他们就会受益，收入日益不平等的有害影响也将减少？为失业工人创造新机会、增加受教育机会以及与当地企业开展职业培训等努力应成为应对措施的一部分。一些工人可能需要技能培训和鼓励来探索新的可能性。新的工作可以帮助那些准备学习新东西的人：包括医疗保健、设备维护、送货服务、可再生能源安装等领域。休闲、餐饮、个人服务和娱乐业也将迎来增长。实现这些变化需要资源和想象力，因此科技公司和监管机构有责任更积极地对工人福利做出认真承诺，同时减轻经济增长对环境的影响。

第 5 章

总结及怀疑者的困境

> 没有实践的理论将无法生存，而热衷于实践却忽视理论的人，
> 就像水手登上了一艘没有舵和罗盘的船，永远不知道驶向何处。
>
> 列奥纳多·达·芬奇

预测未来是一件有风险的事情，因此艾伦·凯（Alan Kay）提出，预测未来的最好方法就是创造未来。因此本书描绘了一个技术未来的愿景，即加强人类对更强大的超级工具、远程机器人、有源设备、控制中心的控制权。

这一愿景衍生出一种新的跨领域交叉方法，即对人工智能算法与支持人权、正义和尊严的人类价值观给予同等重视。这些 HCAI 的观点来自理性主义者和经验主义者之间的持续辩论，理性主义者喜欢基于实验室研究的逻辑思维，而经验主义者则以人类需求和同理心来追求对现实世界的观察。两种方法都有价值，所以我开始将理性主义思维与经验主义方法相结合。

HCAI 基于扩展用户体验设计方法的过程，包括用户观察、利益相关者参与、可用性测试、迭代改进以及持续评估人类使用机器学习等人工智能算法系统中的表现，其目标是创造放大、增强、赋权和提升人类表现的产品和服务。HCAI 系统强调人的控制权，同时高度嵌入自动化。

许多人仍然相信计算机可以模仿、媲美甚至取代人类。我认为，人类属于一个单独的种类，精心设计的计算机可以帮助他们做得更好，就像望远镜、心电图和飞机那样。即使计算机变得更加强大，算法变得更加复杂，人类主导的设计策略仍将是构建超级工具、远程机器人、有源设备和控制中心的关键，人们能够对更先进的自动化拥有更多控制权。

自动化对人们工作与生活的干预是真实存在的，因此需要做出实质性的努力来改善工人福利和减少不平等。尽管有令人钦佩的企业领袖，但面对来自股东的压力和他们自己的野心时，他们也可能难以采取正确的方式来追求可靠、安全和值得信任的系统。在经济困难时期，当竞争对手威胁到他们的地位时，就会面临挑战。过去的历史表明，社会需要保护那些在教育、财富、权力和代表性方面水平较低的人。虽然记者、律师和公共利益团体可以提供一些反制力，但这也可能需要政府干预和监管。

越来越多的人支持以人为中心的思想，但这种新的跨领域交叉研究方法是对现有实践方法的挑战。怀疑者表示，从以人工智能为中心的思维转变为新的 HCAI 方法，为以人为中心的思维赋予同等价值，这将不仅仅是一种边缘趋势。他们认为，未来的技术应是进一步研究高级算法，这些算法将拓宽机器学习的能力及其许多深度学习变体的能力。解决人工智能问题的解决方案是开发更多更好的人工智能。

大型人工智能研究群体专注于算法的进步，因此他们无须考虑以人为中心的方法。记者们庆祝人工智能的突破，认为机器人可以比人类更好地完成任务以及独立运行智能自治系统。著名的神经网络开发者和图灵奖得主杰夫·辛顿（Geoff Hinton）在 2016 年说："人们现在应该停止培训放射科医生。显然，在五年内，深度学习将比放射科医生做得更好。"我希望辛顿已经意识到，拥有强大的深度学习工具将极大地增强放射科医生的能力，就像其他医生通过拥有 X 光机、心电图和成千上万的其他超级工具而获益良多一样，放射科医生的工作远不只是寻找肿瘤。

另一个关于新思维带来新可能性的例子是，一大批研究人员看到了模仿人类形态和行为的社交机器人的美好未来。他们认为，社交机器人将成

为我们的队友、伙伴和合作者，远程机器人和有源设备可以显著提高人类在常见任务中的表现。许多坚定的人工智能拥护者认为，常识推理、通用人工智能和机器意识是可能实现的，甚至是不可避免的，但也许未来会有更强大的设备来扩展人类的可能性，就像飞机、万维网和 DNA 测序仪那样。这些设备使用户能够做一些人类以前没有做过的事情。

我所面临的挑战是提供一个令人信服的说法，即未来的技术将基于以人为中心的设计，旨在增加人类的控制权，从而放大、增强、赋权和提升人类的能力。与此同时，我担心这些先进的技术会被网络犯罪分子、极端组织和恐怖分子所利用，因此需要认真对待这些以及其他危险因素。有句老话说："自由的代价是永恒的警惕。"这似乎是思考技术如何提高人类自主性这一问题的最好建议。

然而，从乐观的一面来讲，尽管所有的潜在危险仍然存在，技术还是已经带来了健康、经济繁荣、更安全的社区、持续的高就业率，以及在新行业中难以想象的机会。如果那些有能力塑造技术的人致力于帮助有需要的人，支持民主制度，维护环境，那么让更多的人过上更好的生活是可以实现的。从长远来看，提高人类的自我效能、创造力、责任感和社会关系需要进一步的突破。

第二部分

以人为中心的人工智能
框架

人工智能算法的成功，为广泛应用技术的设计改进开辟了许多新可能。研究人员、开发人员、管理人员和政策制定者开始接受以人为中心的方法，这将加速先进技术的设计和应用的进程，但开发将人工智能算法与以人为中心的设计相结合的新方法仍需要时间。

本书第二部分介绍了 HCAI 理念如何为结合了高度人工控制和高度计算机自动化的系统设计开辟新可能。完善和传播这一理念需要时间，也要应对阻力。我相信，这些系统设计可以通过正确的、可靠运行的自动化功能来提高人类的表现，同时用户也能够自主控制某些重要功能。

该理念框架阐明了如何结合高度人工控制和高度计算机自动化进行设计以提高人类的表现，如何理解需要完全人工控制或完全计算机控制的情况，以及如何避免过度人工控制或过度计算机控制的危害。这些目标的实现对人类的自我效能、创造力、责任感和社交关系等方面的提升都有所帮助。

这些指南和示例展示了如何将该理念框架付诸实践。

第 6 章

超越自动化水平

> 与机器不同，人类的大脑可以创造想法。我们需要理念引导我们前进，也需要工具来实现它们……计算机没有"大脑"，就像音响没有立体声一样……机器只能操作数字，而人们把它们与意义联系起来。

阿诺·彭齐亚斯（Arno Penzias），诺贝尔物理学奖获得者（1978 年）

HCAI 的二维框架开辟了新的可能性，该框架将自主级别与人工控制级别区分开来。新的指导方针是寻求同时具备"高度的人工控制"和"高度的自动化"的系统，才更有可能开发出可靠、安全、可信赖的计算机应用程序。一旦实现这些目标，尤其是在解决复杂的、人们知之甚少的问题时，将极大地提高人类的表现，同时达成人类的自我效能、创造力、责任感和社交关系等目标。本章将重点关注可靠、安全、可信赖的目标，这些目标的实现有助于实现其他的重要目标，如隐私、网络安全、经济发展和环境保护。

我也相信，计算机的自主性对于许多应用领域来说是有吸引力的。谁不想要一个能够可靠且安全地完成重复或困难任务的自动设备呢？

机器的自主性对于某些任务来说可能很有益，但对于其他任务则很危险。在消费领域的应用中，例如推荐不寻常的电影或标新立异的餐馆，可能会带来新的发现，因此，消费领域的错误风险很低。然而，对于其他任务，例如基于传感器模式识别的自动冲洗的厕所，非预期激活或未激活都会造成麻烦。然而，如果任务是开车去上班，你会选择一辆每月都有一次需要一个小时才能启动的车，还是一辆偶尔会停在距离你工作地点一千米的车？对于像冲厕所这样的轻量级任务，故障只会带来一些烦恼，但对于交通、健康、金融和军事应用领域来说，我们需要更高的可靠性、安全性和可信赖性，这些产品才能获得用户的高度认可，从而获得商业成功。

但也有一些系统，如冲马桶或驾驶车辆，用户可以更多地控制机器行为以避免故障，这些系统也可以在产品或设备行为不符合用户意图时将控制权转交给用户。针对新闻推荐系统的一项研究中，研究人员提供给用户三个滑动选项，让他们表明自己对政治、体育或娱乐文章的阅读兴趣。当用户移动滑块时，推荐文章的列表会立即变化，因此用户就可以探索自己感兴趣的内容，从而更频繁地点击推荐，并表达出"对更多控制权的强烈愿望"。针对推荐系统的另一项研究也表明，同一种推荐系统的两种不同控制面板展示相似的结果时，用户更倾向于个人控制权更多的控制面板。

一些推荐系统能够记录用户对推荐的不满意程度，因此随着时间的推移，推荐系统会变得更加精准。智能马桶通常设有一个按钮，当系统没有自动启动时，用户可以按动按钮强制冲水。

尽管存在许多良好的设计，但现有系统仍然有改进的空间。有一次，在我经常去的游泳馆里，我在穿衣服的时候，换衣间的马桶不必要地冲了八次水，但我无法阻止这个使用早期人工智能模式识别技术的自动化设备。相比之下，我经常因为无法激活感应水龙头和手部烘干机而感到烦恼。这些模式识别装置既不可靠也不值得信赖。可考虑的补救措施是，在模式识别传感器肯定能够识别到的地方粘贴一个标准图案，并得到所有制造商的认可，或者在洗手槽或烘干机上设置一个按钮。

自动门前的黑色垫子通常不是传感器，但它们是一个明确的指示——当你踩在垫子上时，摄像头传感器就会捕捉到你的图像。为残障人士设置的操控按钮使他们能够按需激活自动门，并使门持续打开的时间更长，这样他们就可以安全通过。即使在这些技术含量相对较低的应用领域中，更多的用户控制权也有助于打造更可靠、更安全、更值得信赖的系统。

总之，自动化系统是一个不错的选择，但确保正确激活并防止非预期激活的策略对实现可靠、安全、可信赖的操作有很大帮助，这样一来用户的接受度也将得以提高。维护人员收集的性能数据也是一个很好的参考，这些数据能够帮助维护人员了解操作是否正确并进行相应的调整控制，以确保设备正确运行。

在生命攸关的应用领域中，上述问题就变得至关重要，比如安全气囊的展开。在美国，安全气囊能在 0.2 秒内爆炸式展开，每年能挽救约 2 500 人的生命。然而，早年有超过 100 名婴儿和老人因安全气囊非预期展开而丧生，这些悲剧的发生频率直到改进设计后才得以降低。我们从这些事件中得到的重要教训是，收集安全气囊故障和非预期展开的数据可以为系统改进提供必要的信息，从而使系统更可靠、更安全、更可信赖。当自动系统的故障和未遂事件被跟踪以支持设计的改进时，且当公共网站能够报告事故时，系统的质量和接受度都会提升。

对于许多重要的应用领域，如汽车驾驶，安全是第一位的。我可能愿意买一辆如果我呼出的酒精浓度超过法定水平就不让我驾驶的车。我更迫切地要求所有的汽车都安装这样的系统，以防止他人对我造成伤害。但另一方面，当我开车送受伤的孩子去医院时，如果系统因测量错误而不让我驾驶车辆，我会非常生气，因为这辆车不值得信赖。

关于自主系统，我们稍后还会讲到，用户主导激活、操作和操控可以使系统更可靠、更安全、更值得信赖。审计跟踪或产品日志为我们提供了有价值的数据，以持续改进设计。最重要的是，谦逊是设计师的重要品质，如果他们仔细考虑可能发生的故障，他们会取得更大的成功。

长期以来，人们一直对使用机器学习、神经网络、统计方法、推荐系统、自适应系统以及应用了语音、面部、图像和模式识别等技术的自主系统充满热情。1978 年，麻省理工学院教授汤姆·谢里丹（Tom Sheridan）和他的研究生威廉·维普兰克（William Verplank）制定了从人工控制到计算机自主控制水平的 10 个等级，其中，计算机自主控制是他们心中的核心目标（表 6.1）。这个被广泛引用的列表一直指导着大部分研发工作，这表明，提高自动化必须以降低人工控制为代价。但这种零和假设限制了人们对提高人工控制和自动化水平的思考，但实际上有更好的解决办法。

表 6.1　被广泛引用的一维自主水平的 10 个等级

等级	描述
10（高）	决定一切，自主行动，不理人类
9	仅当计算机决定时才通知人类
8	仅当被询问时才通知人类
7	自主执行，必要时通知人类
6	在自动执行之前允许人类在限定时间内否决
5	仅当人类批准时才执行
4	提供一个选项
3	提供几个选项
2	提供一套完整的决策 - 行动方案
1（低）	不提供任何帮助，人类必须做出所有决定和行动

谢里丹和维普兰克的 10 级自主水平具有广泛的影响力，但批评者认为它是不完整的，其缺少用户行为的一些重要方面。多年来，该评级已经有了许

多改进，例如认识到自动化至少有四个阶段：信息获取、信息分析、决定或选择行动、执行行动。我们开始思考，用户是否应该在某些阶段拥有更大的控制权，尤其是在决策阶段。计算机可以向人类操作者提供选择，操作者也有可以选择让计算机执行的选项。这一微妙方法让确定人工和自动化的组合策略方面步入正轨，该组合策略使人类能够控制决策，并在可信赖时支持自动化。人类操作者也可以在下次软件更新时提供额外的选择或说明。

尽管批评者仍对更多的自动化意味着更少的人工控制这一简单的一维框架提出质疑，但这四个阶段的提出是对一维框架的一个重要改进，有助于维护关于自主水平的观点。本书第 8 章提出的二维框架可以解放设计思维，从而提高计算机应用程序的自动化程度，同时放大、增强、赋权和提升人类表现，创新地应用系统并创造性地改进系统。

甚至谢里丹本人也表示担忧："太惊讶了，已发布的等级描述比我预期的更受重视。"罗伯特·R. 霍夫曼（Robert R. Hoffman）和马特·约翰逊（Matt Johnson）提供了一段研究人员如何努力维持自主水平的历史。然而，尽管这个观点受到了许多批评，但一维自主水平的理念（自动化水平的增加必定伴随着人工控制的减少）仍然具有广泛的影响力，例如美国汽车工程师协会对自动驾驶汽车的六个级别的描述（表 6.2）。更好的方法是，明确哪些功能可以实现自动化（比如避免碰撞、停车辅助）以及哪些活动需要人工控制（比如在被雪覆盖的道路上行驶、传感器故障、执行警察的口头指令）。

表 6.2　自动驾驶汽车的六个级别

等级	描述
5（高）	完全自主：在所有驾驶场景中，都等同于人类驾驶员
4	高度自动化：在特定区域和规定的天气条件下，全自动驾驶汽车执行所有生命攸关的驾驶功能

续表

等级	描述
3	有条件的自动化：在一定的交通环境条件下，人类驾驶员将"安全关键功能"转移给车辆
2	部分自动化：至少有一个驾驶辅助系统是自动的。人类驾驶员脱离实际操作车辆（手离开方向盘，脚离开踏板）
1	驾驶员辅助：大多数功能仍然由驾驶员控制，但特定功能（如转向或加速）可以由汽车自动完成
0（低）	无自动化：人类驾驶员控制一切：转向、刹车、油门、动力

自主性的批评者反复论述关于自主性的讽刺、致命神话、难题或悖论。来自人类和机器认知研究所的杰夫·布拉德肖（Jeff Bradshaw）、罗伯特·R. 霍夫曼、大卫·D. 伍兹（David D. Woods）和马特·约翰逊所组成的强大团队撰写了一篇措辞尖锐的文章《自主系统的七个致命神话》（*The Seven Deadly Myths of Autonomous Systems*）。他们指出了诸如"一旦实现完全自主，就不再需要人机协作"之类的神话，他们嘲笑这是对团队如何以相互依赖的方式进行协作的明显误解。该文告诫设计师们："屈服于自主性的神话，不仅仅会对自身造成损害，其持续传播也在继续造成损害……因为它们产生了许多其他严重的误解和后果。"他们的文章以及许多其他文章都强调，人类必须监控自主系统，所以需要进行设计工作，让人类知道自主系统在做什么以及它下一步会做什么。

美国国防科学委员会的报告是这样描述 10 级自主水平的："尽管有吸引力，但将自主水平概念化为发展路线是没有成效的。"美国国防科学委员会后来的一份报告描述了自主性的许多机遇和风险。霍夫曼及其同事等认知科学研究人员指出了自主武器的缺陷和代价，这已经产生了意想不到的致命后果，爱国者导弹系统就是一个显然的案例，该系统在 2003 年伊拉克战争期间无意中击落了英军和美军的飞机。

另一起过度自动化的悲剧案例是 2018 年 10 月和 2019 年 3 月发生的两起波音 737 MAX 坠机事件，事故共造成 346 人死亡。虽然导致坠机事件的原因很多，但我关注的是飞机的自动控制系统，该系统由于传感器故障而失效，并导致飞机的机头朝下。在飞机坠毁前的几分钟里，飞行员曾 20 多次试图把飞机拉起，但并未成功。该自主控制系统的开发人员认为，该系统非常可靠，甚至在训练或用户手册中都不告知飞行员它的存在，因此飞行员也不知道如何恢复对飞机的控制。

自主系统和人类都有可能出现故障，因此如何从故障中恢复（如电力、通信、移动或传感器的故障）应成为首要关注点。在高速公路成为像电梯井一样的受控空间之前，道路养护人员可能需要处理道路上倒下的树木、妨碍交通的施工人员或在传感器上喷漆的破坏者。

得克萨斯农工大学教授罗宾·墨菲（Robin Murphy）提出的自主机器人定律反映了自主性所带来的问题："部署任何机器人系统都将达不到预期的自主性水平，人类问题协调机制的不足也会就此产生或加剧。"

人工控制的批评者提出了两个强烈的主张。第一个主张是，人类会犯错，自动化系统可以防止此类错误的发生，且坚持不懈、始终如一。这种观点是具有价值的，因此设计师在设计中加入了安全保障功能，无论是安全剃须刀还是核反应堆控制棒。对错误的了解以及如何避免错误的发生还有待研究，以设计出适当的功能。由于总是会出现意料之外的人为错误、使用环境不断变化和对抗性攻击等因素，设计师需要在产品或服务的整个生命周期中都持续保持设计的警惕性。第二个主张是，即使包含控件，也只有少数用户会学习如何使用它们。许多用户对某些控件没什么兴趣，因为很多控件设计不佳，难以使用。但当控制装置设计良好时，它就会被广泛应用，比如汽车座椅、驱动轮位置、后视镜和侧视镜的调整。车内的环境控件也是必要的，如照明设置、收音机音量、开窗位置、加热、通风或空调温度。文字处理程序、电子表格、照片、视频和音乐编辑程序中的大量控件表明，当功能被需要且设计良好时，用户就会使用。

幸运的是，思想超前的人工智能研究人员和开发人员逐渐意识到，我们需要以人为中心的设计。斯坦福大学计算机科学教授、谷歌云人工智能研究首席科学家李飞飞在 2018 年 3 月的《纽约时报》（*New York Times*）上发表了一篇评论文章，阐述了"制造有益于人类的人工智能"的必要性。她注意到了一种趋势，即"将重复性、易出错甚至危险的工作元素自动化，剩下的都是人类最适合的创造性、知识性工作"。李飞飞教授总结道："无论我们的技术变得多么自动化，无论它对世界的影响是好是坏，其产生的影响始终需要我们担负。"

李飞飞教授也支持"以人为中心的人工智能"，这是她与斯坦福大学哲学教授、教务长约翰·埃切门迪（John Etchemendy）共同创建的斯坦福大学研究所的名称，她写道："作为这项新技术的创造者，我们有共同的责任引导人工智能，使其对我们的星球、我们的国家、我们的社区、我们的家庭、我们的生活产生积极影响。"

2018 年 4 月，加州大学伯克利分校的顶级机器学习研究员迈克尔·乔丹（Michael Jordan）发表了一份强烈声明，称"构建行星规模的推理和决策系统，将计算机科学与统计学相结合，并考虑到人类的效用，这一原则在我的教育中是找不到的"。他声称："我们缺少的是一门具有分析和设计原则的工程学科。"这让我很惊讶，因为他肯定知道人机交互。他接着质疑道："研究经典的模仿人类的人工智能是专注于这些更大挑战的最佳或唯一方式吗？"乔丹建议，这似乎是一条明智的前进道路："我们将需要好好考虑如何利用人机交互来解决我们最紧迫的问题。我们希望计算机能够激发人类创造力的新水平，而非取代人类创造力。"

第 7 章将讨论实现可靠、安全、可信赖系统的策略。第 8 章将提出新

的二维框架，以描述不同的设计目标以及通往高度人工控制和高度自动化的路径。该框架超越了在过去 40 年中被广泛使用的一维自主水平的理念。第 9 章将提供指导新系统思考的设计原则，并借助示例阐述我们已经做了什么以及需要做什么。第 10 章将总结 HCAI 框架及其局限性。

第 7 章

定义可靠、安全、可信赖的系统

虽然实现机器的自主性仍然是一个普遍目标，但在设计师的头脑中，人类自主性的目标应同等重要。机器自主与人类自主都是有价值的，但对两者的组合策略而言，应在可靠时使用机器的自动控制，必要时使用人工控制。关注 HCAI 系统可靠、安全、可信赖的特性将有助于指导设计的改进，这几个术语很复杂，我用四级建议来定义它们（请参阅第四部分）：①基于成熟的软件工程实践的可靠系统；②通过业务管理策略营造的安全文化；③通过独立监督获得可信赖的认证；④通过政府出台的相关法规。

这四个建议有助于加快可靠、安全、可信赖系统的发展速度。软件工程师、商业领袖、独立监督委员会和政府监管人员都关心这三个目标的实现，但我建议每个群体都以最有效的方式支持这些实践。

可靠的系统在需要时会产生预期的响应。可靠性来自软件工程团队合理的技术实践（详见第 19 章）。当故障发生时，调查人员可以查看详细的审计记录，如飞行数据记录仪的日志，这些记录在民用航空领域颇有成效。支持人类负责、公正、可解释性的技术实践包括：

- 审计追踪和分析工具

- 软件工作流程

- 验证和确认测试

- 提高公正性的偏差测试

- 可解释的用户界面

机器学习中使用的大量测试和训练数据分析促进了结果的公正性。可解释性来源于许多设计特性，但我关注的是可以避免或减少可解释性需求的用户可视化界面。

安全文化是由专注于这些策略的管理者创建的（详见第 20 章），包括：

- 领导对安全的承诺

- 以安全为导向的招聘和培训

- 故障和未遂事件的大量报告

- 针对问题和未来计划的内部审查委员会

- 与行业标准做法的一致性

这些策略可以指导培训、操作实践以及根本原因故障分析的持续改进。在软件工程领域，由卡内基梅隆大学软件工程研究所开发的能力成熟度模型，已有 30 多年的历史，该模型能够帮助团队经理应用支持安全性的实践。管理者可以根据五个成熟度级别提升组织能力，通过日益一致的政策和策略提高软件质量。尽管能力成熟度模型并不完美，但它仍被广泛应用，尤其是在军事项目和网络安全领域。

有关可信赖系统的讨论比以往任何时候都频繁，但是关于信任的定义的讨论已经有很长的历史了。政治学家弗朗西斯·福山（Francis Fukuyama）的著作《信任：社会美德与繁荣的创造》（*Trust: The Social Virtues and the Creation of Prosperit*）具有一定的影响力，该书关注的是"基于社区成员的共同规范，在一个有规律、诚实、合作行为的社区内"的社会信任。他专注于人类社会，在信任技术的设计方面也有一些经验。

然而，公众的期望超越了信任或被信任的系统，用户想要可信赖的系统。虽然系统可能会被错误地信任，但是一个可信赖的系统应该值得被信任，即使利益相关者很难度量这个属性。我的立场是，可信度是由权威的独立监督机构评估的。由于大多数消费者不具备这种能力，也无法投入精力来评估系统的可信度，因此他们依赖于已建立的组织，如消费者报告或券商研究所。如果一家权威的会计师事务所、保险公司或消费者权益保护组织对一种产品或服务盖章认可，那么消费者很可能认为它是可信赖的。独立监督或组织（详见第21章）的名单包括：

- 进行外部审计的会计师事务所
- 保险公司
- 非政府组织和民间社会组织
- 专业组织和研究机构

作为公共利益的保护者，政府的干预和监管也发挥着重要作用，特别是当大公司将其利益置于公民的需求之上时（详见第22章）。政府可以尽可能多地鼓励创新，并从成功和失败中吸取教训，这有助于做出更好的决策。

为了简化讨论，我将重点放在可靠、安全和可信赖上，但是关于这些话题的大量文献都提倡系统的其他属性，如性能和用户感知（图7.1）。这些属性都难以衡量，甚至无法进行基本的评估，比如更改设计是否会增加或减少这些属性。尽管如此，这些都是在讨论有道德、负责任或人道的人工智能中经常使用的属性。第25章将讨论评估的困难点。

电梯、相机、家电或医疗设备等成熟技术的用户知道这些设备是否可靠、安全、可信赖。他们赞赏高度自动化，但也认为，自己以操作设备达

图 7.1　HCAI 系统众多属性中的一部分

成目标的方式获取了控制权。具备 HCAI 思维模式的设计师强调不同用户都能够引导、操作、控制高度自动化设备的策略，同时邀请用户发挥创造力来改进设计。设计良好的自动化设备可以确保更精细的人工控制，例如外科手术机器人使外科医生能够精准切开人类难以触及的器官。

　　成功的技术使人类能够在跨学科团队中工作，从而与上级、同事和下属进行协调和协作。由于人类要对自己使用的技术行为负责，他们更倾向于采用在控制面板上显示当前状态的技术，这可以为用户提供预测未来行为的心智模型，并允许用户暂停他们无法理解的行为。设计良好的用户界面以减少工作量、增强性能、提高安全性的方式为人类活动提供重要支持。如第 8 章所述，需要全自动操作或全人工控制的特殊情况需要额外的设计审查。

　　可靠、安全、可信赖系统的设计师也将推广灵活的设计、明确责任、提高质量，并鼓励创造力。人类需要创造力以扩展现有设计，提出全新方法，并在需要时协同处理意外问题。而 HCAI 未来更广泛的目标是确保隐私、增加网络安全、支持社会公正和保护环境。

HCAI 框架（详见第 8 章）可以指导设计师和研究人员推进可靠、安全、可信赖系统的新可能。毕竟，大多数消费者、生产主管、医生、飞行员对计算机自主性并不感兴趣；他们想要的是能够显著提高其表现的系统，简化他们的工作，这样他们就可以致力于实现更大的抱负。HCAI 框架展示了精心设计的计算机应用程序如何实现高度人工控制的同时保证高度自动化。

第 8 章

以人为中心的人工智能的二维框架

HCAI 框架引导设计师和研究人员提出新的问题并重新思考人工智能自主性的本质。当设计师不再把计算机视为我们的队友、伙伴或合作者，他们才更有可能开发出能够显著提高人类表现的技术。新颖的设计将更充分地利用独特的计算机功能，如复杂的算法、庞大的数据库、先进的传感器、信息丰富的显示器以及强大的工具，如爪、钻、焊接机。

明确人类的责任还可以引导设计师在知识不完整的新环境中发现创造性解决方案。HCAI 框架阐明了卓越设计如何促进提升人类的自我效能、创造力和责任感，而这正是管理者和用户所寻求的。可靠、安全、可信赖的目标可适用于面向消费者的轻量级推荐系统和专业人士的重要应用程序，但这些目标与生命攸关的系统最相关。

推荐系统被广泛应用于消费服务、社交媒体平台、搜索引擎等领域，为消费者带来了巨大的利益。推荐系统频繁出错的后果通常不那么严重，甚至可能会给消费者一些关于电影、书籍或餐馆的有趣建议。然而，恶意行为者可以操纵这些系统来影响人们的网购习惯，改变选举结果，传播危险信息，重塑人们对气候、疫苗接种、枪支管制等问题的态度。经过深思熟虑的设计，改善控制面板可以提高消费者满意度，并限制恶意使用。

其他自动化应用领域，包括如搜索查询或拼写检查等常见的用户任务，这些任务都经过精心设计，以保证用户的控制权，同时提供有用的帮助。

杰弗里·希尔（Jeffrey Heer）主张寻求"一个有前途的设计空间：计算辅助的增强和丰富，而非取代人类智力工作"，他提供了使用自动化来支持人工控制的方法，这一思想开辟了新天地。他写道，他的目标是"有效地采用人工智能方法，同时确保人们的控制权：人们可以不受约束地追求复杂的目标和运用各自领域的专长"。希尔的论文给出了用户界面的示例，从数据清理、组织数据、探索性的数据可视化（用户可以从一组推荐数据中选择），到具有扩展用户控制权的自然语言翻译。

在医疗、法律、环境或金融系统中，获得正确的结果更为重要，因为这些系统可以带来实质性的好处，但也存在严重损害的风险。谷歌流感趋势（Flu Trends）就是一个有缺陷的产品，它根据用户对"流感""组织"或"感冒药"等术语的搜索来预测流感爆发，旨在使公共卫生官员能够更有效地分配资源。最初的成果并没有维持下去，两年后，谷歌关闭了该网站，因为程序员没有预料到搜索算法、用户行为和社会环境的变化。大卫·雷泽（David Lazer）团队将程序员的危害性态度称为"算法傲慢"，暗示一些程序员对自己创造万无一失的自主系统的能力抱有不合理的期望，如两架波音 737 MAX 坠毁事件。

高频交易算法引起的公开股票市场和货币交易所的金融系统崩溃，在短短几分钟内就造成了数十亿美元的损失。然而，有了足够的交易记录，市场管理者通常可以修复损失。对于中等范围的重要应用，如医疗保健、投资组合管理或法律咨询，警觉的决策者可能有时间思考算法推荐、咨询同事，或更深入地了解推荐系统。

面对生命攸关应用领域的挑战，如自动驾驶汽车、心脏起搏器、植入式除颤器等物理设备，以及军事、医疗、工业和交通等复杂系统，在这些应用领域中，有时需要人们快速行动，并可能产生不可逆的后果。因此，生命攸关系统的设计是一项严峻但必要的挑战，它可以挽救生命。

推荐系统、重要应用程序和生命攸关系统的设计师都以一维自主水平为指导，这种自主水平来自谢里丹和维普兰克的早期论文（详见第 6 章）。他们的模型在许多文章和教科书中反复出现，包括我自己在 1987 年编写的教科书。我也相信，自动化程度越高越好，但提高自动化程度就必须减少人工控制。总之，设计师必须在从人工控制到计算机自动化的一维直线上选择一个点（图 8.1）。

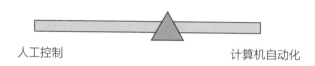

人工控制   计算机自动化

图 8.1 人工控制与计算机自动化的选择

注：误导性的一维思维表明，设计师必须在人工控制和计算机自动化之间做出选择。

更多的自动化必然意味着更少的用户控制，这是一个错误的信息。多年来，这个想法始终困扰着我，直到我最终开始相信，在提高计算机自动化的同时确保人工控制是可能的，甚至我也为这个令人费解的概念而绞尽脑汁，直到我看到一些设计案例，其某些功能具备高度人工控制，而其他功能则具备高度自动化。

这些概念的解耦形成了一个二维框架，这表明同时实现高度人工控制和高度计算机自动化是可能的（图 8.2）。两个坐标轴分别是从低到高的人工控制和计算机自动化水平。这种简单的二维扩展已经在帮助设计师构想新的可能性。

我们期望的目标通常是（但并非总是）在右上象限，即最可靠、安全、可信赖的系统。右下象限是相对成熟、易于理解、可预测任务的系统，例如汽车自动变速箱或路面防滑系统。而对于不同环境下难以理解的复杂任务，需要处于右上象限。这些任务包括创造性决策，因此目前处于研究前沿。随着使用环境标准化（如电梯井）的推进，这些任务可以在高度自动

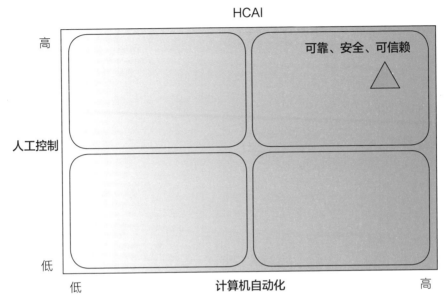

图 8.2　HCAI 的二维框架

注：通过高度人工控制和高度计算机自动化来实现（黄色三角形）可靠、安全、可信赖
的设计目标的二维框架。

化的计算机控制下进行。

　　计算机自动化程度高、人工控制程度低的右下象限（图 8.3），是计算
机自主任务的所处位置，这类任务需要快速行动，例如，安全气囊展开、
防抱死刹车、心脏起搏器、植入式除颤器以及防御性武器系统。在这些应
用领域中，没有时间进行人工干预或控制。由于发生故障的代价是如此之
高，这些应用程序需要极其仔细的设计、广泛的测试，并在使用期间进行
监控，以针对不同的使用环境改进设计。随着系统成熟度的提升，用户会
倾向于有效且经过验证的设计，这也为更高层次的自动化和更少的人工监
督铺平了道路。

　　人工控制程度高、自动化程度低的左上象限，是人类自主任务的所处
位置，在这里，人类掌控一切，创造力也得以实现。例如，骑自行车、弹
钢琴、烘焙或与孩子玩耍时，犯错误也是体验的一部分。在这些行动中，

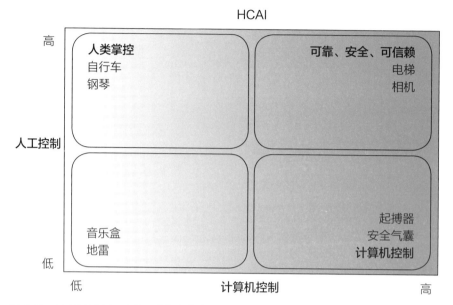

图 8.3　需要快速行动的区域（高自动化、低人工控制）和人类掌控（高人工控制、低自动化）的区域

人们通常希望从寻求掌控感、提高技能和全身心投入中获得乐趣。一次安全的自行车骑行或一次完美的小提琴演奏都是值得庆祝的事情。他们可能选择使用计算机系统进行培训、复习或指导，但许多人渴望独立行动来实现自我效能。在这些行动中，目标在于做这件事的过程和个人满足感以及挖掘创造性探索的潜力。左下象限是钟表、音乐盒、捕鼠器等简单设备以及地雷等致命设备所处的位置。

　　另外，还有两个实施层面的因素极大地影响了可靠性、安全性和可信性：传感器的准确性和数据的公正性。当传感器不稳定或数据源不完整、有错误或偏差时，人工控制就变得更加重要。稳定的传感器和完整、准确、公正的数据有利于实现更高程度的自动化。

　　设计师们得到的信息是，对于某些任务，完全由计算机控制或完全由人类掌控是有价值的。然而，我们面临的挑战是开发有效且经过验证的设计，并辅以可靠的实践、安全文化和可信赖的监督。

除了计算机和人类完全自主的极端情况外，还有另外两种危险的极端情况——过度自动化和过度人工控制。图 8.4 的最右侧是过度自动化区域，例如波音 737 MAX 的控制系统，该系统导致了 2018 年 10 月和 2019 年 3 月发生的两起坠机事故，造成 346 人死亡。这次故障有很多方面的原因，但设计师违反了一些基本的设计原则。该自动化控制系统只从两个迎角传感器（显示飞机是在上升还是下降）中的一个读取数据。当这个传感器失效时，控制系统会迫使机头向下，但飞行员不知情，所以在坠机前的几分钟里，他试图把机头向上拉了 20 多次，导致飞机上所有人丧生。飞机设计者犯了一个可怕的错误，他们认为控制飞机的自动系统不会发生故障。因此，不仅设计者没有在用户手册中对这一系统进行描述，飞行员也没有接受过如何切换到手动操控模式的培训。悲剧本是完全可以避免的。国际商业机器公司（IBM）的人工智能指南明智地予以警告："难以察觉的人工智能不是合乎道德的人工智能。"

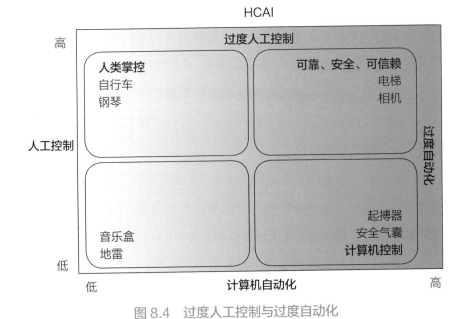

图 8.4　过度人工控制与过度自动化

注：设计师需要防止因过度自动化和过度人为控制（灰色区域）而造成的故障。

　　虽然这四个象限显示了清晰的分隔，但人工控制和计算机自动化之间的关系更为复杂。人工控制可能需要像在汽车、飞机或电站控制中心等领域那样，在多小时内保持警惕，但人类的注意力可能会分散，系统需要发出警报来让操作人员关注新出现的问题。随着计算机控制变得更加可靠，人们的警惕性问题也在增加，因此操作人员很少需要进行干预，最终导致操作人员技能下降，无法快速而正确地进行干预。

　　过度人工控制会让人们犯下致命的错误。有时，控制面板非常复杂，用户会感到困惑并不确定如何操作设备。英国斯旺西大学的哈罗德·廷布尔比（Harold Thimbleby）讲述了护士和医生使用的医疗设备如何导致"人为错误"的故事，这一情况应被视为设计错误。在其中一个案例中，护士使用了静脉注射系统的默认设置，向患者注射了过量的止痛药，导致患者死亡。默认设置应该设定在安全范围内，但该设备误导护士做出了致命的错误选择。

　　家用电器也有保护装置，例如自清洁烤箱上的联锁装置，它可以防止在温度超过315℃时打开烤箱门的危险发生。设计不良的联锁装置可能会令人恼火，比如锁门过于频繁的汽车自动落锁系统。形式化方法和基于软件的约束，例如范围检查、泛化联锁和保护，可以确保算法进行有允许的输入并只产生可接受的结果。

　　联锁或保护装置有助于防止错误发生，但需要额外的设计和监控功能，以确保其是可靠、安全和可信赖的。例如，列车主动控制系统，该系统可以限制列车在弯道或终点站高速行驶。如何将 HCAI 设计集成到航空、柔性制造系统和植入式心脏起搏器等生命攸关的系统中是一个巨大的挑战。航空中众多的联锁装置可防止飞行员犯错，例如，只有当起落架上的应变仪显示飞机已经着陆时，喷气发动机上的反向推进器才能启动。

　　类似的危险也存在于过度的计算机自动化中，比如美国国家运输安全委员会关于 2016 年特斯拉汽车致命事故的报告中详述了这一点。该报告警告说：" '仅仅因为我们可以实现'自动化，并不意味着人机自动化系统能更好地工作……这次碰撞是一个示例，在没有充分考虑人为因素的情况下，引入'因为我们可以'的自动化会发生什么后果。"特斯拉的"Autopilot"自动驾驶系统的名称表明，其描述性能比现实可用功能更强。特斯拉声称，这款车"能够在不需要驾驶人采取任何行动的几乎所有的情况下进行短途和长途旅行"。这似乎夸大了目前自动驾驶系统的能力，这很危险，因为它会诱导驾驶员降低警惕。

虽然转向助力、自动变速箱、防抱死制动系统都是被广泛接受的成熟自动化系统，但能让驾驶员更好地控制车速的自适应巡航控制则更为复杂。更新颖的自动化系统增强了人类的能力，保障了人类安全，包括停车辅助、车道保持和避免碰撞。

独立且非营利的美国公路安全保险协会研究员杰西卡·奇奇诺（Jessica Cicchino）报告说，有效的车道跟踪能最大限度地减少死亡人数，而避免后方碰撞能最大限度地减少事故数量。她的研究团队提供了详细的设计建议，包括视觉提醒、听觉提示和物理警告。他们的工作还包括检测驾驶员的注意力以及如何保持他们的驾驶参与度。像梅赛德斯－奔驰汽车的主动泊车辅助系统会一步一步地向司机展示计划的动作，让驾驶员清楚地了解将会发生的情况，以便其接受或拒绝。因此，显示汽车的预期路径是一种更好的设计。科罗拉多大学的康纳·布鲁克斯（Connor Brooks）和丹尼尔·萨菲尔（Daniel Szafir）证实，预测性规划显示能够提高任务准确性和用户满意度。

在某些驾驶情况下，人工智能系统会预测并警告司机注意 30 至 60 秒后的危险，例如当车辆接近一辆车速很快且频繁变道的汽车时，人工智能系统会提前提醒司机，然而在更多情况下，人工智能系统难以做到及时提

醒，留给司机的反应时间不够充分。我们应该尽量避免出现此类情况，比如利用来自其他汽车的避险数据或简单地降低车速。汽车系统无法预测山坡上是否会有巨石滚下来，但它可以提醒驾驶员前方有急转弯、前方一公里路上有紧急车辆，或者附近有快速行驶、在车道上穿梭的车辆。在未来，通过自动化系统以减少变道行为可能会变得普遍。此外，借助电子通信，车队可以保持在同一车道，并以一种快速而安全的方式行驶。

把设计一款将安全放在首要位置的汽车作为目标可能比设计自动驾驶汽车更为合理。如果以这样的设计理念作为指导思想，在某些环境下，用户的安全性可以得到保障，例如，车队在限制进入的高速公路上行驶，或汽车在接近事故频发的十字路口时减速，或白天明亮的阳光降低了计算机视觉系统的效率。然后，这些变化可以通过提高安全性的方式加以改进和调整，最终减少对驾驶员控制的需求，类似于空中交通管制中心的区域中心的监督控制能力将会更强。

这些控制中心标志着人类的参与和控制，并非表示计算机在完全独立工作。汽车交通管制员可能会管理数千辆汽车的交通流量，改变限速以响应天气和交通状况，调度警车、消防车和救护车，并跟踪频繁的未遂事件，以指导道路重新设计或汽车驾驶算法的改进。汽车制造商正在探索远程机器人驾驶汽车的可能性，如果驾驶员受伤、出现健康问题或睡着了，远程司机可以接管汽车的控制。

汽车完全自动驾驶的概念正在有效地让位于以人为中心的理念，它提供了驾驶员适当的控制以提高安全性，同时解决了积雪覆盖的道路、异形车辆、蓄意破坏、恶意干扰和施工区域等众多特殊情况。另外一系列问题包括如何设计车辆来应对来自警察口头指示的紧急指导或消防救护车队的特殊需求。可考虑的解决方案是让配备有授权的警察、消防人员和救护车人员来控制附近的汽车，就像他们有特殊的钥匙来控制电梯，可以在紧急情况下激活公寓的消防控制显示器一样。随着汽车传感器、高速公路基础设施和车辆间通信的改善，让汽车像电梯一样安全的策略将变得更容易实施。

从谷歌脱离出来的 Waymo 已经从使用"自动驾驶"一词转变为使用"完全自动驾驶"技术，该公司现在正在亚利桑那州凤凰城进行"机器人出租车"的测试。他们的目标不是制造汽车（"Waymo 正在创造一个驾驶员，而不是一辆汽车"），而是提供高度自动化技术，并应用于其他公司制造的汽车、出租车和卡车上。他们的测试进展良好，尽管在限定车速下，他们也报告了一些事故，但他们公开报告的行为令人钦佩，这是一种建立信任的方法。Waymo 的设计师遵循以人为中心的思维，公司开发和测试用户界面，以便乘客可以清楚地指明他们的目的地、引导车辆靠边停车、联系 Waymo 后台予以支持。Waymo 让训练有素的驾驶员在需要时充当后备驾驶员。Waymo 还为乘客提供了一个简单的用户界面，其中有一个"靠边停车"按钮，可以实现快速停车，并在需要时方便地联系后台并获得帮助。最后，Waymo 在区域中心采用监控策略，远程监控每辆行驶的汽车，在需要时提供支持，并收集性能数据。Waymo 的方法——通过人工监督控制实现高度自动化——很可能会带来稳步改进，但时间尚不确定。

图 8.5 展示了 1940 年、1980 年的汽车和 2020 年自动驾驶汽车的相对位置，以及通过成熟的自动化和监督控制，提出的 2040 年未来汽车可靠、安全、可信赖的目标。1980 年的汽车计算机自动化程度一般，人工控制程度较高，而 2020 年的自动驾驶汽车计算机自动化程度较高，但人工控制程度不高。到 2040 年实现可靠、安全、可信赖的自动驾驶汽车是可能的。

这四个代表人工控制与自动化程度高低的象限可能有助于建议产品或服务采用不同的设计。例如，患者自控性镇痛设备允许术后、重度癌症或临终关怀患者选择疼痛控制药物的数量和频率。该设备在年轻和老年患者

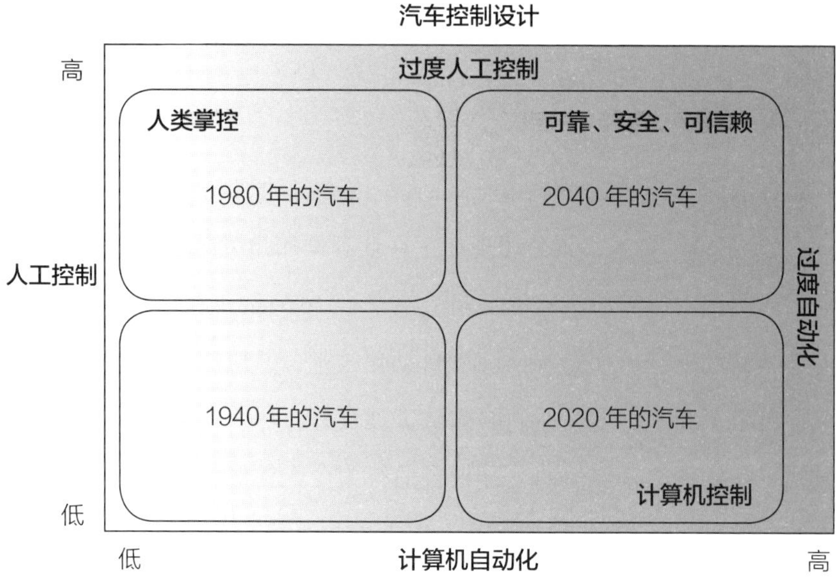

汽车控制设计

图 8.5　不同年代汽车的人工控制与自动化程度

中都存在危险和问题，但通过良好的设计和管理，患者自控性镇痛设备可以提供安全有效的疼痛控制。左下象限的简单吗啡滴注袋设计（计算机自动化程度低，人工控制程度低）可提供固定量的止痛药物（图 8.6）。右下象限更自动化的设计（增加计算机自动化，但几乎没有人工控制）提供了机器选择的剂量，这些剂量随一天中的时间、患者活动和来自身体体征传感器的数据而变化，尽管这些剂量不能评估患者感知到的疼痛水平。

以人为中心设计的左上象限（人工控制程度高、计算机自动化程度低）允许患者按下触发器来控制止痛药物的剂量、频率和总量。然而，避免频繁给药的联锁装置可以预防用药过量的危害，通常的锁定期为 6~10 分钟，总剂量限制为 1~4 小时。最后，可靠、安全、可信赖的设计位于右上象限，允许用户按下触发器以获得更多的止痛药物，但通过使用机器学习技术，它可以根据患者和疾病变量选择适当的剂量，同时防止用药过量。医护人员向患者说明如何操作患者自控性镇痛设备后，患者就知道限制止痛药物

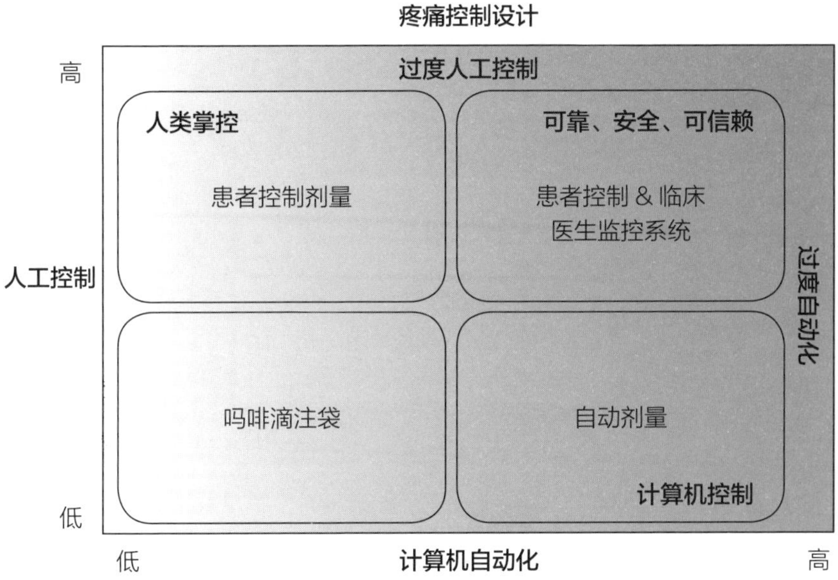

疼痛控制设计

图 8.6　疼痛控制设计的四种方法

的重要性（图 8.7）。该设计包括一个医院控制中心（图 8.8），用于监控数百台患者自控性镇痛设备的使用情况、确保医护人员的安全操作、处理电源等其他故障，并审查审计跟踪，收集数据以改进下一代患者自控性镇痛设备。

荷兰代尔夫特大学的彼得·德梅特（Pieter Desmet）和史蒂文·福金加（Steven Fokkinga）的工作很好地展现了单一产品设计变化的丰富可能性。他们提出了 13 种人类需求，如自主舒适性、社区性和安全性，并展示了如何重新设计像椅子这类大众熟悉的产品来满足这些人类需求。他们在创新椅子上的设计工作表明，设计思维为各种 HCAI 设计（可以应用于推荐系统、重要应用和生命攸关系统）开辟了新的可能性。第 9 章将描述设计指南，并展示常见应用领域中的 HCAI 示例。

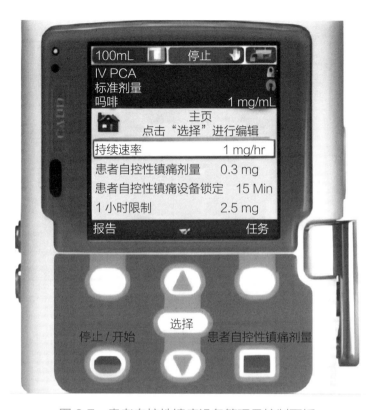

图 8.7　患者自控性镇痛设备管理员控制面板

图片来源：Smith's-Medical CADD-Solis。

图 8.8　约翰·霍普金斯医院的朱迪·赖茨（Judy Reitz）指挥中心

图片来源：约翰·霍普金斯医院。

第9章

设计指南和示例

HCAI 的这一新目标打破了 50 年来寻求人工智能与寻求智能增强的人之间的争论，这一争论由《纽约时报》科技作家约翰·马尔科夫（John Markoff）清晰描述。现在看来，就应该寻求人工智能还是智能增强进行争论似乎完全没有必要，设计师可以将人工智能算法转换与界面设计相结合，形成 HCAI，从而放大、增强、赋权并提升人类表现。

谷歌最新版本的设计指导书强调了选择的必要性：“一个重要的考虑因素是，应该使用人工智能来自动执行一项任务，或者增强人类完成这项任务的能力……对于人工智能驱动的产品，自动化和用户控制之间存在一个重要的平衡。”谷歌设计指导书的作者称：“如果做对了，自动化的人工智能和被增强后的人类一起工作，简化并改进长期复杂过程的结果。”指导书对这一可能性持开放态度。这是正确的——两者可以齐头并进！

谷歌网站针对负责任的人工智能提出了与我的原则完全一致的指导方针。

- 使用以人为中心的设计方法
- 确定多个指标来评估培训和监控
- 直接检查原始数据（如果可以）
- 了解数据集和模型的局限性
- 反复测试
- 部署后继续监控和改进系统

微软研究负责人埃里克·霍维茨（Eric Horvitz）等人撰写的其他早期指南，为微软的《人工智能交互设计指南》（*Guidelines for AI-Human Interaction*）奠定了基础。这18条指导方针以直观的图形呈现，并以纸牌的形式分发，其涵盖了初始使用、正常使用、应对问题以及随着时间的推移而发生的变化。这些指导方针正确地强调了用户的理解和控制，同时也指导系统寻找"明确系统为什么会这样做"和"从用户行为中学习"的方法。

国际商业机器公司（IBM）的人工智能设计网站就这些问题展开了更广泛的讨论，并提供了一个高级教程，该教程涵盖了设计基础、技术基础，并充分考虑了伦理问题、问责机制、可解释性和公平性。然而我公开质疑它提出的建议：一个系统应"尊重用户本身"并"形成完整的情感纽带"。表述可能有所改变，但仍具有鼓励用户"与系统建立情感纽带"的含义，这一点值得商榷。

米卡·安德斯雷（Mica Endsley）的"人类自主系统设计指南"提出20个有深度的项目，涵盖了人类对自主系统的理解、复杂问题的最小化和态势感知的支持。她的指南包括："在执行日常任务时使用自动化辅助，而非更高层次的认知功能"和"提供自动化透明度"，并对上述每条指南都进行了详细解释。

一个成功的设计是可理解的、可预测的、可控的，能够实现用户的自我效能，并形成可靠、安全、可信赖的系统。成功的系统需要对交互界面的精细结构进行详细设计，这些结构来源于已验证的理论、明确的原则以及可操作的指南。相比之下，当这些知识被嵌入有利于人工控制的编程工具中时，就更容易被应用。我尝试性地提出了一套简练的用户界面设计八条黄金法则（表9.1），并在《用户界面设计》（*Designing the User Interface*）一书的后续版本中不断更新。这八条黄金法则对 HCAI 系统仍然有效。

表 9.1　八条设计黄金法则

1. 力求一致性
2. 寻求通用性
3. 提供信息反馈
4. 设计对话框，告知用户任务已完成
5. 预防错误
6. 允许轻松地撤销操作
7. 给予用户掌控感
8. 减轻用户短期记忆负担

用户体验设计师尤菲米娅·王（Euphemia Wong）鼓励设计师遵循上述法则，以便设计出优秀、高效、简洁的用户界面。油管（Youtube）上的视频用多种语言介绍了这些法则，恶搞的视频也对它们进行了调侃，这对我来说并没什么。

基于八条黄金法则的用户界面设计决策通常需要权衡取舍，因此，仔细的研究、创造性的设计和严格的测试有助于设计师制作出高质量的用户界面。该领域专家必须持续地监控已实施的设计，以了解问题并进行改进。改进的空间一直存在，满足新的需求需要不断重新设计用户界面。

以下示例阐明了支持用户通过可视化界面传达其意图的关键思想。此外，在许多情况下，听觉和触觉交互有益于残障用户（第 2 条黄金法则）。这些设计为用户提供了机器状态的反馈信息，包括进度状态和完成报告。虽然当前大部分设计都有缺陷，但这些正面案例描述了如何同时支持高度人工控制和高度自动化。本书第三部分将通过描述超级工具、远程机器人、有源设备和控制中心来扩展这些示例。如下是一些示例。

示例 9.1：简易的恒温器可以让用户更好地控制家里的温度。用户可以看到室温和当前恒温器的设置，可以适当提高或降低设定温度。此外，他们还可以听到加热系统打开和关闭的声音或看到开关指示灯的状态，该反馈信息表明其操作已经产生了反应。这一设计的基本思想是让用户了解当前状态，并允许用户重新设定，然后给出信息反馈（第 3 条黄金法则），表明机器正在根据用户意图进行调控。当用户看到温度计响应且温度上升时，系统可能会进一步反馈，指示设备何时实现了用户的预期目标。恒温器还有更多的好处——可以自动将室温保持在新设定的温度。总之，虽然一些恒温器可能缺少提供清晰反馈信息的必要功能，但设计良好的恒温器能让用户知道如何控制自动化机器以获得所需室温（图 9.1）。更新的程序化恒温器，如谷歌的 Nest，可以通过机器学习更好地适应用户的计划，并节省能源。然而，人类的行为是可变的，这削弱了机器学习的效用，比如用户改变计划，发展出如烘焙等新的爱好或家中有不同需求的访客。因此，人机控制之间的平衡仍然是一个挑战。

图 9.1　霍尼韦尔恒温器

注：霍尼韦尔恒温器可以清晰地显示室温状态，并提供简单的上下标记来增加或降低温度。恒温器可通过用户的智能手机远程操作。

示例 9.2：洗碗机、洗衣机、烘干机、烤箱等家用电器允许用户选择他们所需的设置，然后将控制权转交给传感器和计时器。如果设计良好，这些设备的用户使用界面应易于理解和可预测。它们允许用户表达意图，并可以监控当前状态，用户可以暂停洗碗机并再放入一个盘子，或把烤箱从烘烤模式设置为炙烤模式，从而把鸡肉烤成棕色（第 7 条黄金法则）。自动化设计使用户能更好地控制这些有源设备，以确保用户得到想要的结果（图 9.2）。

咖啡机、电饭煲、搅拌机　　　　　　洗碗机，洗衣机、烘干机

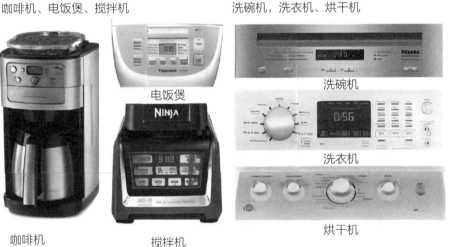

图 9.2　有源设备的控制面板

注：有源设备可以自动运行，同时显示其状态并允许用户控制。

示例 9.3：电梯。其设计良好的用户界面，在实现大量自动化的同时也提供了适当的人工控制。控制面板是简单的双按钮设计，用户可以按向上键或向下键，按钮指示灯亮起表示其意图已经被识别；显示面板会显示电梯的当前楼层，用户能知道还需要等待多久。当电梯门打开并发出提示音后，用户便可进入电梯，按下楼层选择按钮，按钮指示灯亮起表示其意图已经被识别，电梯门随之关闭；楼层显示器会显示当前所处楼层；到达时，提示音响起，电梯门打开。这种取代人工操作的自动化设计可以确保电梯门仅在相应

楼层开启。电梯的三重冗余安全系统，即使在断电或缆绳断裂的情况下，也可防止电梯坠落。机器学习算法可以协调多部电梯，基于时间、使用模式、持续变化的乘客负载，自动调整电梯的位置。超载装置允许消防员或搬家公司人员使用。电梯的仔细设计在各个方面支持用户对高度自动化支持功能的高度控制，比如电梯门探测器，用以防止电梯门关闭时夹住乘客（第5条黄金法则），这使电梯的整体设计是可靠的、安全的、可信赖的。

示例 9.4：在大多数手机的相机功能中，如果用户点击下方的大按钮，就会显示拍摄的图像（图 9.3）。当用户调整构图或放大时，图像会平滑地更新，同时摄像头会自动调整光圈和对焦，进行补偿防抖、大范围的曝光（高动态范围）等其他操作。闪光灯可以设置为打开、关闭或自动模式。用户可以选择人像模式、全景模式、视频模式或者慢动作和延时摄影。用户还可以设置各种滤镜，并根据所拍摄的图像进行进一步的调整，如亮度、对比度、饱和度、自然饱和度、阴影、裁剪和红眼消除。这些设计为用户提供高度控制的同时，也提供了高度自动化。当然，相机也有一些错误，比如自动对焦功能有时对焦到了附近的灌木丛，而不是站在灌木丛后面的人，但用户可以触摸所需聚焦的位置来纠正这个错误。

示例 9.5：关键词自动补全是推荐系统的一种形式，它展示了补全搜索词的通用方法，如谷歌搜索系统。当用户输入一个单词时，系统根据其他用户的搜索情况，给出一些普遍的建议。这种自动补全的方法，不仅可以提高搜索速度，还可以关联其他搜索主题，用户也许会觉得有用，他们可以选择其中一个，也可以忽略。

示例 9.6：拼写、语法检查器和自然语言翻译系统以巧妙的方式提供了有用的建议，比如在拼写错误下方会显示红色波浪线，如图 9.4 所示；或可能的翻译列表。这些都是优秀的交互设计示例，它们既能帮助用户，又能让用户保持控制权。与此同时，自动更正文本消息系统也会经常出错，发送者和接收者

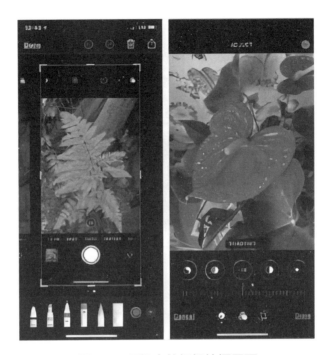

图9.3 手机中的相机拍摄界面

注：手机中的相机功能为用户提供了极大的灵活性，拍照和编辑工具可以标记照片、调整颜色、改变亮度、裁剪照片等。

觉得既有趣又烦人。尽管如此，当这些应用以非侵入性和可选的方式实现时，仍然受到广泛赞赏，因为用户可以轻松地忽略它们。

图9.4 拼写检查器用户界面

注：拼写检查器用红色波浪线显示了一个可能的错误。点击时，它会提供一个修改建议，但让用户自行决定是否要修改错误以及何时修改错误。

八条设计黄金法则可以帮助设计师开发出可理解、可预测和可控的界面。许多原则被嵌入在用户界面指南文件中，比如苹果公司的文件规定"控制一切的是人，而不是应用程序……让应用程序接管一切的决策通常是错误的"，并强调"让用户对他们的工作进行完整、精细控制"。这些指南强调，人工控制所提供的建议与追求计算机自主性的建议截然不同。我认为，这八条黄金法则是通向大多数用户期望的起点：可靠、安全、可信赖的系统。

基于八条黄金法则来构建 HCAI 模式语言的方法，目前还有很大的发展空间。模式语言已经被开发用于许多设计挑战，从架构到社交媒体系统，它是重要思想的简短表达，为常见的设计问题提出了解决方案，并提醒设计师，旨在激发其更严谨的思考。

1. 先概览，放大并过滤，然后按需提供细节：第一个是熟悉的信息可视化口头禅，建议用户获得所有数据的概览，它可能是散点图、地理地图或网络图。概览显示了各个条目的范围和背景，并允许用户放大他们想要的内容，过滤掉不想要的内容，然后通过单击查看详细信息。

2. 先预览，选择并启动，然后管理执行：对于时间序列或机器人操作，第二种模式是显示整个过程的预览；允许用户选择他们的计划，发起活动，然后进行执行管理。这就是导航工具和数码相机的成功之处。

3. 通过交互式控制面板引导：用户能够通过交互式控制面板来控制过程或设备，如驾驶汽车、控制无人机或玩电子游戏。控制面板包括操纵杆、按钮或屏幕按件、滑块等其他控件，它们通常被放置在地图、房间或虚构空间中。增强现实和虚拟现实技术扩展了这种交互方式的可能性。

4. 利用强大的传感器来捕获历史记录和审计跟踪：飞机的传感器记录了发动机温度、燃油流量等其他数值，并将它们保存在飞行数据记录仪上，飞行员也可以查看 10 分钟前的情况。汽车和卡车记录的信息用于维护检查；

应用程序、网站、数据探索工具和机器学习模型也应采用这种方式，使用户更容易地查看历史记录。

5. 在人与人之间的交流中成长：当用户可以更轻松地共享内容、寻求帮助和协同编辑文档时，应用程序就会得到改进。记住保险杠贴纸上的内容：人类在群体中；计算机在循环中（图 2.1）。

6. 对结果保持谨慎：当应用程序可能影响人们的生活、侵犯隐私、引发身体损害或造成伤害时，全面评估和持续监控就变得至关重要。来自独立个人或组织的监督有助于减少损失。谦虚是设计师应具备的良好品质。

7. 防止对抗性攻击：故障不仅可能来自数据偏差和软件缺陷，也可能来自恶意行为者或破坏者的攻击，他们将技术用于有害目的或仅是为了破坏正常使用。

8. 加速改进事件报告：对用户和利益相关者的反馈持开放态度，为设计师提供故障和未遂事件的信息，并持续改进技术产品和服务。

本书第三部分和第四部分将继续讨论这些模式。本章的示例展示了成功的用户界面设计，这些设计给予了用户所需的控制权，并借助人工智能方法获益。

总而言之，设计思维是一种强大方式，使人工智能算法作为 HCAI 系统的重要组成部分发挥作用，它可以放大、增强、赋权和提高人类表现。这些超级工具和有源设备的示例都是我们熟悉且易于理解的产品。它们传达了过去流行的八条黄金规则是如何应用的，同时展示了新的 HCAI 系统模式语言如何在指导设计师方面具有同样的价值。

在未来，用户（包括残障人士）将拥有超级工具和有源设备，使他们能够处理更多的日常琐事，探索创造的可能性，并帮助他人。他们将从增强现实和虚拟现实中受益，从而使得他们看得更清楚，做出更恰当的决定，

并享受丰富的娱乐体验。新型 3D 打印设备将使用户可以选择制造他们想要的新设备，修复现有设备，并定制珠宝或装饰品。HCAI 服务将引导他们做他们想做的事情，更容易与他人共享产品或开展新的业务。

第 10 章

总结及怀疑者的困境

> **我们应该敬畏人类思维的能力和人类文化的成就。**
>
> ——布赖恩·坎特威尔·史密斯（Brian Cantwell Smith），《测算与判断：人工智能的终极未来》（*The Promise of Artificial Intelligence: Reckoning and Judgment*）

我的目标是，推崇以人为中心的设计方法，帮助设计师开发出更好的人工智能系统。HCAI 框架分离了计算机自动化中的人工控制问题，并明确指出一个良好的设计可以同时实现高度的人工控制与自动化。人类操作人员可以清晰地了解机器的状态及其选择，而错误结果和可逆性等问题则可以为设计师提供指导。在适当的情况下，设计良好的自动化系统保留了人工控制，从而提高其性能并实现创造性的改进。

HCAI 框架阐明了何时需要计算机控制以实现快速的自动化行为，何时人类想要最大的系统控制权，以及何时存在过度自动化或过度人工控制的危险。该框架还阐明了在不同平台上的设计决策：①消费者和专业应用程序的设计为消费者带来了巨大的利益，例如广泛使用的推荐系统、电子商务服务、社交媒体平台和搜索引擎；②重要应用领域的设计可以给我们带来实质性的利益，但也可能带来危害，例如医疗、法律、环境和金融系统；③生命攸关的应用领域，例如汽车、飞机、火车、军事系统、心脏起搏器或重症监护室，其设计尤为重要。

　　HCAI 框架基于人与计算机属于不同类别的概念，因此，在设计中使用独特的计算机功能，如复杂的算法、庞大的数据库、先进的传感器、信息丰富的显示器以及强大的效应器等，更有可能提高人类的表现。同样，在设计和组织架构中认识到人类的独特能力，如鼓励创新使用、支持持续改进以及推动突破性的大幅改进设计，也将带来优势。

　　该框架的一个重要研究方向是，制定控制和自主水平的客观措施。这些措施将引发更有意义的设计讨论，从而改进相关的指南、评估和理论。

　　改进设计的另一重要驱动力是，人类要对错误负责，例如详细的审计跟踪、机器状态的一致性信息反馈以及收集事件和事故的策略。这些信息可用于进行用户培训并重新设计系统，以减少故障和未遂事件。但仍然存在一些难题，例如，当自动化失效时，人类要有能力接管系统，如何避免削弱人类技能的去技能化效应？类似地，当操作人员的行为频率降低时，如何确保他们保持警惕——自动驾驶汽车中的人类驾驶员如何保持足够的注意力，以便在需要时接管控制？

　　伦理问题有助于制定一般原则，如对责任、公正和可解释性的考虑。将这些一般原则与产品和服务设计的复杂性的深入知识和经验相结合时，便形成了可操作的指南。HCAI 框架为责任、公正和可解释性奠定了基础。本书的第四部分收集了关于弥合伦理和实践之间差距的建议。

　　以人为中心的系统将变得更好，因为它：①基于成熟的软件工程实践的可靠系统；②通过业务管理策略营造的安全文化；③通过独立监督获得可信赖的认证；④通过政府出台的相关法规。HCAI 系统将迅速发展，因为监控故障和未遂事件的机制能够支持其快速改进。

　　对于那些对综合人类智能、感知、决策和自主行动有更大胆的抱负的读者来说，HCAI 框架和示例似乎显得很保守。他们更倾向于设计无须人工监督或干预的系统，并专注于机器的自主性而非人类的自主性，他们相信完全可靠的系统是可以构建的，所以他们忽视或拒绝在现有系统中添加审计跟踪、控制面板、故障报告等其他特性的工作，尤其是在重要的和生命攸关的应用程序中。

有些怀疑者认为以人为中心的人工智能的二维 HCAI 框架过于保守，他们构想了三维模型以及更精细的模型，这是一个很好的想法，但他们也应该为这些模型建立案例支持。还有些人则抱怨示例中的用户界面过于简单。也许确实存在这样的情况，这些示例仅代表人工智能系统中一部分常见案例，我也欢迎大家提供更多关于自主系统的新颖设计以及执行方式的示例。卓越设计的关键部分是处理基本故障，例如断电、无线连接丢失、组件损坏等，但对于其他故障，如恶意行为者的对抗性攻击，也需要大量工作来预防或处理。

当人工智能研究人员和开发人员的思维方式从一维的自动化水平转向二维的框架时，他们可能会找到解决当前问题的新方法。HCAI 框架可以指导设计师在提供高度自动化的同时赋予用户适当的控制权。一旦这些技术成功，将放大、提高、增强并赋予用户权力，从而显著提升用户的表现。

此外，设计师还可以将最初的八条黄金法则或新的 HCAI 模式语言作为指导，构想出未来的超级工具、远程机器人、有源设备和控制中心，从而改善人们的生活，并推进实现联合国可持续发展目标。

第三部分

设计隐喻

史蒂夫·乔布斯（Steve Jobs）曾将计算机描述为"我们头脑中的自行车"，这明确地表明，计算机设计的最佳目标是增强人类的能力，同时确保人类保持控制权。当前的计算机在我们头脑中可能更像是一台哈雷·戴维森摩托车，但有人认为，在未来，计算机将成为我们头脑中由司机驾驶的豪华轿车，自动带领我们到达目的地。使用 HCAI 框架可以帮助我们理解骑自行车和驾驶车辆之间的不同。人工控制的自行车可能是一种愉快而健康的锻炼方式，但隐喻中的带有司机的自动豪华轿车意味着舒适和安全。然而，特别是如果驾驶员对减速或停车的请求没有响应的情况，乘客如何传达他们想去的目的地并对性能产生影响呢？人类的需求是复杂且不断变化的；有时人们更喜欢享受驾驶的乐趣，锻炼自己的驾驶技巧；有时，他们可能会喜欢休息、阅读或与他人讨论。

基于交通运输的隐喻，我们可以把计算机想象成大型的商用飞机，它可以将乘客舒适、快速、安全地带到目的地，而无须让乘客学习如何飞行。受 HCAI 框架右上角象限的启发，在有专业监控性能的空中交通管制员和飞机认证机构的情况下，飞机只需对其指令做出响应（图 8.4）。

读者可能会思考，在自动化的功能以及飞行员、空中交通管制员的监督下，民航飞机是如何保证安全的。答案是两者都是必需的。自动化功能可以让一架从华盛顿特区飞往法国巴黎的飞机进行例行飞行，同时飞行员能够更密切地监控飞机系统。然而，在数百种潜在问题中，如飞机起火、

乘客心脏病发作、鸟类袭击导致的发动机停止等，这些情况都需要熟练的专业人员迅速做出艰难的决定。

虽然所有的隐喻，包括这个隐喻，都有其局限性，但它们在传达思想上有其价值，并可以打开思想的大门，迎接新的可能性。本书第三部分建立在第二部分的 HCAI 框架上，直接论述了 HCAI 研究的两个设计目标：

（1）科学目标：英属哥伦比亚大学教授戴维·普尔（David Poole）和艾伦·马克沃斯（Alan Mackworth）写道，科学目标是研究"智能行动的计算代理"。他们想"了解使智能行为在自然或人工系统中成为可能的原理……通过设计、构建和实验计算系统来完成通常被认为需要智能才能完成的任务"。科学目标通常基于对人类感知、认知和运动技能的研究，以便工程师可以建立起能够像人类一样或比人类更好地执行任务的系统，例如下棋程序或识别癌症肿瘤的设备。

（2）创新目标：开发增强人类能力的计算机，使人们能够自主完成工作。创新目标来自建立广泛使用的产品和服务的研究。普尔和马克沃斯写道，创新"旨在用于应用领域"。成功的案例包括基于地图的导航系统、自然语言翻译和搜索查询。

这两个目标对于思考未来技术的设计隐喻都有价值。然而，其挑战在于了解每个目标在何时达成最佳状态以及如何组合这些目标。有些功能可能最适合自动处理，例如数码相机的对焦和光圈设置，而其他功能可能最适合交给人类控制，例如构图和选择何时进行拍摄——摄影师称之为"决定性时刻"。

这两个目标引导我们对 HCAI 研究进行了四对设计隐喻的描述。所有这些隐喻都是有价值的，但出于不同的原因：高度的计算机自主性允许无人监督的活动，而高度的人工控制允许人类进行干预。其中一对隐喻是智能代理和超级工具，前者表示机器或系统具备独立行动能力，后者表示在使用机器时的人工控制。第二对隐喻是队友和远程机器人，前者表示将人工智能的动作当作人类的动作，后者表示人类操作。第三对隐喻是确定的自主性和控制中心，前者通过其设计而保证安全，后者通过人工控制来监控和干预。第四对隐喻是社交机器人和有源设备，前者被设计成像人类一样行动，后者被设计成诸如洗碗机或烘干机式的设备。

这几对设计隐喻通过提出针对不同环境需求的解决方案来改进 HCAI 框架，其中一些支持更多的自动化，另一些则支持更多的人工控制。一个关键的思想是组合设计，对于可靠执行的任务采用自动化方法，对于用户想要管理的任务采用人工控制的方法。组合设计使得我们能够更加细致地决策哪些功能可以由计算机可靠地执行以及哪些功能是人类想要或需要控制的。

在推荐系统、问答系统和游戏系统中，用户可能会忽略不完美的回应，甚至可能会喜欢偶尔的惊喜。然而，在医疗保健、交通或金融系统等涉及重大后果或生命攸关的应用中，正确的回应变得至关重要，可预测的行为在建立信任方面也是至关重要的。

本书倾向于一种新的跨领域交叉研究方法，将以人为中心的方法与人工智能算法相结合，作为成功设计先进系统的关键组成部分。

第 11 章

人工智能研究的目标是什么？

> 当一个人把某些任务委托给代理人时，无论这个代理人是人造的还是人类，该任务的结果仍然由委托人负责承担，如果事情没有按预期进行，委托人将承担责任……一个具有自主性和适应性的交互系统难以进行验证和预测，相反，将会导致意想不到的行为。
>
> ——弗吉尼亚·迪格努姆（Virginia Dignum），"责任与人工智能"，《牛津人工智能伦理手册》（ *The Oxford Handbook of Ethics of AI* ），由马库斯·D. 杜伯（Markus D. Dubber）、弗兰克·帕斯夸莱（Frank Pasquale）和苏尼特·达斯（Sunit Das）编

人工智能科学和工程研究的目标至少在 60 年前就被提出了，当时早期的会议聚集了那些关注图灵问题的人，即机器会思考吗？简单来说，人工智能科学研究的目标是使计算机能够执行人类所能做的事情，实现与人类相当或超越人类的感知、认知和运动能力。

人工智能研究的一个起点是满足图灵测试，并给观察者提供键盘和显示器来进行打字对话，如果观察者无法判断他们连接的是人还是机器，那么机器就满足了图灵测试。多年来，人们开发出了许多变体，例如创造出与人类拍摄的照片难以区分的计算机生成图像，制造了一个会说话、会动、看起来像人类的机器人。加州大学伯克利分校的计算机科学家斯图尔特·罗素（Stuart Russell）

积极支持人类仿真科学和有益于社会创新的双重目标。他写道，人工智能是"理解人类智能如何运作的主要途径之一，也是改善人类状况的绝佳机会——创造更好的文明"。但罗素也认为，给机器注入智能会引发问题。

科学研究涉及感知、认知和运动能力，包括模式识别（图像、语音、面部、信号等）、自然语言处理和自然语言翻译等。而做出准确的预测，让机器人的表现像人类一样出色，并让应用程序能够识别人类的情绪，以便做出适当的响应是这一领域其他研究所面临的挑战。另一个领域是游戏，如跳棋、国际象棋、围棋或扑克，计算机可以像人类玩家一样优秀甚至比人类玩家更出色。

随着早期科学研究的进展，一些有用的创新成为可能，强调符号操作的科学研究被基于机器学习和深度学习的统计方法所取代，后者通过从现有的数据库中训练神经网络。而神经网络策略在随后的实践中得到进一步的细化，包括生成对抗网络、卷积神经网络、循环神经网络、逆强化学习和更新的基础模型及其变体。

人工智能研究人员的远见卓识催生了一系列令人振奋的项目。支持者声称，人工智能的出现是人类发展中一个出现巨大希望的历史转折点。然而批评者指出，许多项目以失败告终，这在新研究方向中是常见的，但其他项目已经带来了广泛的应用，例如光学字符识别、语音识别、自然语言翻译等。尽管批评者认为人工智能创新仍不完美，但许多应用都令人印象深刻，并取得了商业上的成功。

大胆的抱负可能会有所帮助，但另一种批评观点是，人工智能科学方法已经失败，被更传统的工程解决方案所取代，后者已经取得成功。举例来说，国际商业机器公司著名的深蓝国际象棋程序在 1997 年击败了世界冠军加里·卡斯帕罗夫（Garry Kasparov），被视为是人工智能的成功。然而，领导深蓝团队的国际商业机器公司研究员许峰雄明确表示，他们没有使用

人工智能方法。他们的解决方案依赖于强大的硬件，利用专门的芯片来快速探索每个棋手可能采取的步骤，最多提前 20 步。

再举个例子，在许多商业应用领域中，基于知识的人工智能指导专家系统已经失败了，而经过精心构建的基于规则的工程系统和人工管理的规则集却取得了成功。以复杂的定价和折扣政策为例，许多公司制定了复杂的政策，根据地区、产品和采购量的不同，给予受青睐的客户更低的价格。为了确保报价的一致性，所有的销售人员都可以跟踪这些数据，这对于维护客户信任至关重要。

近期的批评主要集中在深度学习方法的脆弱性上，这种方法可能在实验室中表现良好，但在现实世界的应用中却失败了。纽约大学的加里·马库斯（Gary Marcus）教授和欧内斯特·戴维斯（Ernest Davis）教授曾报告了早期人工智能研究人员如马文·明斯基（Marvin Minsky）、约翰·麦卡锡（John McCarthy）和赫伯·西蒙（Herb Simon）的高期望，但这些期望并未实现。1965 年，赫伯·西蒙（Herb Simon）提出了一个令人难忘的预测，即"在 20 年内，机器将能够执行人类能够做的任何工作"。马库斯和戴维斯描述了人工智能系统的许多失败案例，例如，解读照片时出错、种族歧视、在医疗保健建议上的失误以及自动驾驶汽车与消防车相撞。然而，他们对人工智能的未来仍持乐观态度，他们相信常识推理的发展将为人工智能带来希望。基于更多、更好的人工智能，他们呼吁重启对人工智能的研究。

科学作家米切尔·沃尔德罗普（Mitchell Waldrop）说，"毫无疑问，深度学习是一种非常强大的工具"，但他也描述了一些失败案例，并强调"在人工智能远超人类能力之前，它还有很长的路要走"。沃尔德罗普提出了一些解决方案，旨在改进深度学习策略、扩展训练数据集，并以积极的态度看待未来的挑战。

即使在 60 多年后的今天，人工智能仍处于早期阶段。我希望人工智能能够取得成功，并主张采用 HCAI 设计过程作为其前进的方向，让利益相关者参与设计讨论、用户界面和控制面板的迭代测试，让产品具有更高的透明度以及赋予人类对算法更大的控制权。我构想了可解释的用户界面、用于分析失败案例和未遂事件的审计追踪以及指导决策的独立监督（详见第四部分）。简而言之，以人为中心的设计思维与最佳的人工智能方法相结合的新方法，将极大地推动有益于人类的有意义的技术的发展。

这些关于人工智能研究的争论对政府研究、重大商业项目、学术研究和教学以及公众印象产生了巨大影响。本章将人工智能研究的众多目标简化为两个方面：科学和创新，然后描述了四对可以有效结合的设计可能性（图 11.1）。组合设计可能在某些情况下需要更多的自动化，而在其他情况下，可能需要更多的人工控制。组合设计还能更加细致地选择哪些功能可以由计算机可靠地完成，哪些功能应该保持在人类的控制之下。

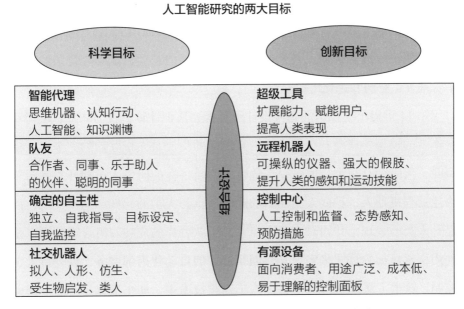

图 11.1 科学目标和创新目标的术语和设计隐喻

这四对设计隐喻可以引导不同环境中的工作或组合设计，从而使研究

人员开发出可靠、安全、可信赖的系统，尤其是针对重要和生命攸关的应用程序。卓越的设计可以为用户和社会带来广泛的利益，如在商业、教育、医疗保健、环境保护和社区安全方面。

第 12 章描述了研究具有思考能力的计算代理的科学目标，通常意味着理解人类的感知、认知和运动能力，以便构建出能够像人类一样自主执行任务或优于人类的计算机。这一章还总结了利用人工智能方法开发广泛应用的产品以及服务的创新目标，该方法将保持人类的控制权。这两个目标都需要对科学、工程和设计进行研究。

第 13 章侧重于介绍如何将每个目标的最佳特性结合起来的方法。追求科学目标的人构建了他们称之为聪明、智能、知识渊博且具备思考能力的认知计算机。由此产生的类人产品可能在特定任务上取得成功，但这些设计可能会加剧许多用户对计算机的不信任、恐惧和焦虑。而追求创新目标的群体认为，最好将计算机设计为放大、增强、赋权和增强人类表现的超级工具。组合策略可以是设计熟悉的 HCAI 用户界面与人工智能技术服务，如短信建议、搜索查询。人工智能技术还将使内部运营能够在复杂的网络中管理存储空间和优化传输。

第 14 章提出了以下问题：设计师是否会从把计算机视为队友、伙伴和合作者的模型中获益？在假设人与人之间的交流是人机互动的一个良好模型时，何时会有帮助，何时存在危险？创新目标的研发人员和开发者希望构建远程机器人，扩展人类能力的同时提供超人类的感知和运动支持，以提升人类的表现，并同时实现人与人的团队合作的成功。组合策略可以是利用科学目标的算法来实现支持创新目标的自动化内部服务，以支持人工控制。这种方法已被应用于许多汽车驾驶技术中，如车道保持、泊车辅助和碰撞避免系统。其构想是，在机器学习和深度学习算法的基础上，通过"内置人工智能"以满足用户的控制欲望，为用户提供有价值的服务。通过这种方式，用户可以受益于人工智能的最优解，了解正在发生的事情，清楚地知道接下来会发生什么，并在需要时获取控制权。

第15章讨论了产品和服务的科学目标，即实现无须人工干预的自主性。创新目标的研究人员希望支持控制中心和控制面板，其中人类操作高度自动化的设备和系统，而不是依赖单独行动、确保自主性的系统。组合策略可能是让利用科学目标的算法提供高度自动化的功能，而其用户界面设计支持人类控制和监督。这种组合策略在美国国家航空航天局、工业、公用事业、军事和空中交通管制中心等许多地方都得到了应用，并以多种形式的人工智能来优化性能，但操作人员对接下来会发生什么有着清晰的心智模型。人类操作者非常重视机器的可预测行为。

第16章介绍了数百年来科学目标倡导者为构建社交机器人所做的众多尝试，并引起了社会的广泛兴趣。与此同时，有源电器、移动设备等是在消费市场取得成功的案例。创新目标倡导者更喜欢那些被看作是可操纵工具的设计，这些工具增加了灵活性或可移动性，并可以在救援、灾难和军事等情况下使用。组合设计可以从类人服务开始，这已经被证明是可行的，例如可以是语音操作的虚拟助手。这些服务可以嵌入有源设备中，使用户能够自主控制对其而言重要的功能。创新目标思维也会使有源设备的性能优于人类，例如四轮或脚踏式机器人在崎岖地形或洪水中的灵活性、在狭窄空间中的可操作性以及举起重物的能力。有源设备还可以配备超人类的传感器，例如红外摄像机或灵敏的麦克风以及专门的效应器，例如"火星漫游者"（Mars Rover）探测器上的钻头和手术机器人上的烧灼工具。

了解不同目标的优势可以激发一些新思考，比如如何通过创建组合设计来处理不同环境下的新思考，从而构建可靠、安全、可信赖的系统。

第17章总结了设计上的平衡，以在科学目标和创新目标社群之中达成愉快的合作。

第 12 章

科学与创新目标

人工智能的研究人员和开发人员提出了多个目标，如斯图尔特·罗素和彼得·诺维格在他们的教科书中所提到的："像人类一样思考，像人类一样行动，理性思考，理性行动。"另两位教科书作者大卫·普尔和艾伦·马克沃斯写道，科学目标是研究"智能行动的计算代理"。他们想要"了解使智能行为在自然或人工系统中成为可能的原理……通过设计、构建和实验计算系统，以完成通常被认为需要智能的任务"。

另一些人则将人工智能视为一种增强人类能力或扩展创造力的工具。为了简单起见，我们将重点关注两个目标：科学和创新。当然，一些研究人员和开发人员可能会同时支持这两个目标，甚至还有介于两者之间的其他目标。明确界定科学和创新目标的目的是为了澄清它们之间的重要区别，但个人可能有更复杂的主张。

科学目标

科学目标的简化版本主要是理解人类的感知、认知和运动能力，以构建出能够像人类一样或超过人类执行任务的计算机。该目标涵盖了对社交机器人、常识推理、情感计算机、机器意识和人工通用智能（AGI）的追求。

那些追求科学目标的人怀揣着宏伟的科学抱负，他们明白这可能需要100年或1 000年的时间，但他们倾向于相信，研究人员最终将能够理解人类并准确地模拟人类。许多人工智能领域的研究人员认为，人类也是机器，或许是非常复杂的机器，但他们认为构建精确的人类模拟系统是一个现实且有价值的重大挑战。他们对人类例外论或人类与计算机划分为不同类别的说法持怀疑态度。《AI 100 报告》（*AI 100 Report*）影响颇深，它指出，"算术计算器和人脑的区别不在于'二者非同一种类'，而是在于规模、速度、自主程度和普遍性"，它假设人类和计算机的思维属于同一类别。

对于构建与人类能力相媲美的计算机的渴望是一个古老而深远的承诺。新西兰奥克兰大学的医学研究员伊丽莎白·布罗德本特（Elizabeth Broadbent）指出"与机器人的互动是我们揭示的关于自己的真相"。她指出："人类具有基本的创造性趋向，而最终的创造是另一个人。"这句话可以被戏谑地解释为：典型的人类父母，但它也尖锐地提醒人们，一些人工智能研究人员的动机是创造一个人造人类。

创造类人机器的欲望引起了科学目标群体对术语和隐喻的强烈关注。他们经常将计算机描述为智能机器、智能代理、知识丰富的效应器，并被计算机正在学习和需要训练的想法所吸引，就像人类孩子学习和接受训练一样。

科学目标的研究人员经常进行人类和计算机之间的性能比较，例如肿瘤学家与人工智能程序在识别乳腺癌肿瘤方面的能力。新闻记者，特别是头条新闻撰写者，对这一竞赛理念非常感兴趣，这产生了一些精彩的报道，如"机器人的手如何演变到做人类可以做的事情"[《纽约时报》（*New York Times*），2018 年 7 月 30 日]、"机器人阅读能力比人类强，数百万人面临失业风险"[《新闻周刊》（*Newsweek*），2018 年 1 月 15 日]等。在《重启人工智能》（*Rebooting AI*）一书中，加里·马库斯（Gary Marcus）和欧内斯特·戴维斯（Ernest Davis）担心："许多媒体倾向于过度报道技术结果导致公众开始更相信人工智能解决问题而不是相信实际情况。"

许多追求科学目标的研究人员和开发人员认为，机器人可以成为人类的队友、伙伴和合作者，计算机可以成为独立的自主系统、能够设定目标、自我引导和自我监控。他们认为"自动化"只是按照程序员或设计师的预期执行需求，而"自主"则是超越自动化的一步，研究人员可以基于新的传感器数据开发新的目标。科学目标的倡导者通过社交（类人或拟人）机器人来促进具身化的智能，这些机器人受生物启发（或仿生）以类似于人类的形态进行开发。

一些研究人员、法律学者和伦理学家设想，在未来，计算机将与自然人和公司一样，承担相关责任且自身权利受到法律保护。他们相信，计算机和社交机器人作为具有道德和伦理行为能力的角色，并且这些品质可以被构建到算法中。这个备受争议的话题超出了本书的讨论范围内容，本书旨在指导短期研究和研发下一代技术的设计问题。

创新目标

创新目标，也有人称之为工程目标，驱使研究人员通过应用 HCAI 方法开发广泛使用的产品和服务。这一目标通常偏向于支持基于工具的隐喻、远程机器人、有源设备和控制中心。这些应用被描述为仪器、应用程序、设备、矫正器、假肢、用具或工具，但我将使用通用术语"超级工具"来描述这些应用。这些由人工智能引导的产品和服务被内置于云端、网站、笔记本电脑、移动设备、智能家居、柔性制造机器和虚拟助手中。一个遵循科学目标的机场助手可能是一个移动的类人机器人，它在入口处迎接旅客，引导他们办理登机手续并前往登机口。在一些机场场景中，机器人可以进行自然语言对话、为人类提供帮助并回答问题。相比之下，一个遵循创新目标的机场超级工具将是一款智能手机的应用程序，包含针对引导旅客的定制地图、安检排队时间列表以及最新的航班信息。

追求创新的研究人员和开发人员通过研究人类行为和社会动态来了解用户对产品和服务的接受程度。这些研究人员通常热衷于满足人类的需求，因此他们经常与专业人士合作研究真实的问题，并为被广泛应用的创新而感到自豪。他们通常首先澄清任务是什么、用户是谁以及对社会、环境的影响。

创新目标群体通常支持高度的人工控制和高度的计算机自动化，正如本书第二部分的二维框架所示。他们很清楚，有些创新需要快速的全自动操作（安全气囊展开、心脏起搏器等），而有些应用程序则需要完全的人工控制（骑自行车、弹钢琴等）。在这些极端情况之间存在着一个广阔的设计空间，可以将高度的人工控制和高度的自动化相结合。创新研究人员通常意识到过度自动化和过度人工控制的危险，这些危险在本书第二部分的理念框架中有所描述。这些 HCAI 的研究人员和开发人员引入了防止人类错误的联锁装置和防止计算机故障的控制措施，同时努力寻找平衡点，以开发出可靠、安全和可信赖的系统。

创新目标群体追求开发成功的商业产品和服务的欲望意味着，他们经常采用人机交互方法，如设计思维、用户观察、用户体验测试、市场研究和持续监测。他们认识到，用户通常更喜欢可理解、可预测和可控的设计，因为他们渴望提高自己的技能、自我效能以及具备创造性的控制能力。他们接受人类需要"在循环中"，尊重用户对可解释系统的需求，并认识到只有人类和组织才是能承担责任和义务的。他们支持审计追踪、产品日志或飞行数据记录器，以支持对故障和未遂事件的回溯性取证分析，从而提高可靠性和安全性，尤其是对于生命攸关的应用，如心脏起搏器、自动驾驶汽车和商业飞机。

有时，追求创新的人从基于科学的想法开始，然后创造成功的产品和服务。例如，基于科学的语音识别研究是苹果公司的 Siri、亚马逊的 Alexa、谷歌的 Home 和微软的 Cortana 等成功虚拟助手的重要基础。然而，为了创造能够巧妙引导用户并优雅地处理故障的成功产品和服务，还需要进行大量的设计工作。这些服务通过引导用户访问现有的网络资源，如维基百科、新闻机构和字典，来满足人们对天气、新闻和信息的常见需求。

同样，自然语言翻译研究也被整合到设计良好的用户界面中，为成功的网站和服务提供了支持。第三个例子是，图像理解研究启用了图片提示标签自动创建，即对图像的简短描述，这些描述使得残障用户和其他人能够了解网站图像的内容。

受科学目标的启发，人们为具有双足运动能力和情感响应面孔的自主社交机器人制作了吸引人的演示和视频。然而，这些设计往往被四轮探测器、脚踏式车辆或无人类面孔的遥控无人机所代替，而这些对于创新目标的成功至关重要。尽管机器人这一术语仍然很流行，如"手术机器人"，但这些实际上是能让外科医生在人体内狭小空间中进行精确操作的远程机器人。

许多追求科学目标的研究人员相信，可以制造出一种通用的社交机器人，它可以为老人端茶、送包裹和执行救援工作。相比之下，追求创新目标的研究人员意识到，他们必须根据不同的使用环境调整解决方案。灵活的手部运动、承重能力或在有限空间中的移动所需的设计都需要专门的定制，而不是通用的多功能人类手部设计。

刘易斯·芒福德（Lewis Mumford）在他的著作《技术与文明》（*Technics and Civilization*）中有一章题为"万物有灵论的障碍"，描述了新技术的首次尝试如何受到人类和动物模型的误导。他使用了"分离"（clissociatiou）这一尴尬的术语，来描述机器人从人类形态向更实用设计的转变，例如认识到在长距离运输重物时四轮机器人比两足机器人具有更大的优势。同样，飞机也有翅膀，但它们并不像鸟类的翅膀那样扇动。芒福德强调："最无效的机器是对人或其他动物进行逼真的仿机械模仿。"他进一步观察到,"圆周运动,作为一个成熟机器最有用和最常见的属性之一,居然是自然界中最不易观测到的运动之一",并得出结论"几千年来,万物有灵论一直阻碍着……发展"。

正如芒福德所认为的,有比制造类人型设备更好地满足人们需求的方法。许多追求创新目标的研究人员通过协作软件来寻求支持人际关系,如谷歌文档用于协作编辑、共享数据库促进科学合作伙伴关系、改进媒体实现更好的交流。例如,在新冠疫情期间,Zoom、Webex 和 Microsoft Teams 等远程会议服务得到了巨大的发展,大学转向线上教学,现场教师尝试创新方式创造沉浸式的学习氛围,并辅以自动化的大型开放式网络课程(MOOC)。MOOC 的设计,(如可汗学院、edX、Coursera)旨在通过定期的测试为学习者提供反馈,使他们了解自己的进展情况,并能够重复学习尚未掌握的内容。学习者可以根据自己的进度选择学习的速度,并在准备好的时候挑战更难的材料。

新冠疫情还迫使企业迅速增加了员工居家办公的选择,以确保业务持续运营。同样,家庭、朋友和社区也采用了 Zoom 等共进晚餐,举行婚礼、葬礼、镇民大会等各种活动。一些人抱怨几个小时的 Zoom 在线会议让人很疲劳,而另一些人则认为,经常与远方的同事或家人交谈是一种放松的方式。新型在线互动方式正在迅速涌现,它们采用了类似于 Kumospace 和 gatherd.town 这样的游戏化用户界面,提供更大的灵活性。会议组织者正在寻找更有创意的方式来举行大型团体活动,同时支持小组讨论。

社交媒体平台,如脸谱网(Facebook)、推特(Twitter)和微博,它们支持多种形式的合作,并采用了人工智能引导服务。这些平台吸引了数十亿的用户,它们分享社交的乐趣,从中获得商业机会,以有意的方式连接社区,并支持公民科学项目中的团队合作。然而,许多用户对隐私和安全

有严重担忧，担心这些社交媒体被政治特工、犯罪分子、恐怖分子和极端组织滥用，传播虚假新闻、诈骗和危险信息。隐私侵犯、大规模收集个人数据以及监视资本主义的过度现象构成了重大威胁。虽然人工智能算法和用户界面设计导致了这些滥用行为，但它们也可以为解决问题做出贡献，其中必须包括人工审查人员和独立监督委员会的参与。

芒福德对于满足人类需求的思考自然而然地引出了新的可能性：矫正器，如眼镜以提高眼睛的视力，假肢来代替缺失的肢体以及外骨骼来增强人类举起重物的能力。矫正器、假肢或外骨骼的使用者将这些设备看作是增强他们能力的工具。

接下来的四章将探讨指导人工智能和 HCAI 的研究人员、开发人员、商业领袖和政策制定者的四对隐喻。这些章节提供了不同的视角，可以在不同的情境中发挥作用，并指导设计人员将这些隐喻的特点相结合。

第 13 章

智能代理和超级工具

到了 20 世纪 40 年代，随着现代电子数字计算机的出现，人们开始将其描述为"了不起的思考机器"和"电子大脑"。乔治华盛顿大学教授黛安·马丁（Dianne Martin）在对调查数据的回顾中表达了她的担忧："过去 25 年的态度研究表明，'了不起的思考机器'的神话实际上可能阻碍了公众在工作环境中对计算机的接受，同时夸大了对于解决复杂社会问题的轻松解决方案的不切实际期望。"

1950 年，艾伦·图灵（Alan Turing）在他的论文"计算机器与智能"（*Computing Machinery and Intelligence*）中提出了一个问题："机器能思考吗？"这引发了人们的极大兴趣。他提出了著名的图灵测试或模仿游戏。他仔细地分析并列举了反对意见，但他在结尾写道："我们可能希望机器最终能够在纯智力领域与人类竞争。"许多追求科学目标的人工智能研究人员已经接受了图灵的挑战，他们开发出了能够执行人类任务（例如下棋、理解图像、提供客户支持）的机器。图灵测试的批评者认为它是一种无用的干扰或宣传噱头，且测试的规则描述也不清楚，但自 1990 年以来，罗布纳奖（Loebner Prize）通过奖励获奖程序的开发者而吸引了参与者和媒体的关注。《人工智能杂志》（*AI Magazine*）2016 年 1 月刊专门刊登了许多介绍新型图灵测试的文章。都灵大学的媒体理论学家西蒙娜·纳塔莱（Simone Natale）认为图灵测试是一种陈腐的骗局，它利用了人们愿意接受模拟意图、社交和情绪设备的倾向。

1960 年，J. C. R. 利克莱德（J. C. R. Licklider）对"人机共生"的描述中反映了一个更早、更微妙的愿景，他承认人类和计算机之间的差异，但也指出两者将是协作交互的伙伴，计算机负责执行例行工作，而人类则具有洞察力和决策能力。

聪明、智能、知识丰富和思考等术语的广泛使用有助于传播诸如机器学习、深度学习等术语，并使人们相信计算机正在接受训练。将人脑描述为神经网络的神经科学观点被广泛运用为描述人工智能方法的隐喻，进一步传播了计算机与人类相似的概念。

国际商业机器公司采用了"认知计算"这个术语来描述他们在 Watson系统上的工作。然而，国际商业机器公司的人工智能转型设计总监在 2020年的报告中表示，这个术语"对于人们来说过于混乱，难以理解"，并补充说："我们说的是人工智能，但即使如此，我们也将其阐述为增强智能。"长期以来，谷歌一直以其在人工智能领域的强大实力为自豪，但他们目前的努力着重于"人与人工智能研究（PAIR）"。越来越多追求创新目标的人们认识到，在商业产品和服务中，提及计算机智能应该与以人为中心的方法相结合。

记者们经常热衷于支持计算机思考和机器人取代我们工作的观点。流行杂志上曾出现过以计算机为主角的封面故事，例如 1980 年的《新闻周刊》报道了"会思考的机器"，1996 年的《时代周刊》（Time）问道："机器会思考吗？"

平面艺术家们一直渴望展示会思考的机器，尤其是具有类似人类的头部和手部的机器人，这强化了计算机和人类相似的想法。常见的主题是机器人伸出手去握住人类的手以及机器人采取奥古斯特·罗丹（Auguste Rodin）的《思想者》雕塑的姿势坐着。好莱坞电影作为大众文化形式，也塑造了具有感情的机器人角色，例如 1968 年的电影《2001 太空漫游》

（2001: A Space Odyssey）中的 HAL 和 1977 年《星球大战》（Star Wars）中的 C3PO。类人机器人也在恐怖电影《终结者》（The Terminator）和《黑客帝国》（The Matrix）、令人着迷的电影《机器人总动员》（Wall-E）和《机器人与弗兰克》（Robot & Frank）以及发人深思的电影《她》（Her）和《机械姬》（Ex Machina）中扮演了重要角色。

计算机越来越多被描绘成独立行动者或代理人，具备思考、学习、创造、发现和交流的能力。多伦多大学教授布赖恩·坎特威尔·史密斯指出，在讨论计算机能力时应避免使用一些词汇，比如知道、阅读、解释或理解。然而，记者和标题作者仍倾向于使用计算机代理和类人能力的理念，产生了以下标题：

机器学习化学（科学日报网，ScienceDaily.com）
哈勃望远镜意外发现了一个新星系（美国国家航空航天局，NASA）
发现希格斯玻色子的神奇机器（美国大西洋月刊，The Atlantic）
人工智能发现与疾病有关的基因（科学日报网，ScienceDaily.com）

这些头条新闻与更流行的观念相一致，即计算机正在获得与人类相匹敌或超越人类的能力。其他作家则持有以人为中心的观点，认为计算机是一种超级工具，可以放大、增强、赋权和提升人类表现（图 11.1）。支持计算机作为超级工具的观点来自多个方面，其中包括麻省理工学院计算机科学与人工智能实验室的负责人丹妮拉·罗斯（Daniela Rus）教授，她曾表示："人们必须要明白，人工智能只是一种工具……拥有巨大的潜力赋予我们力量。"

超级工具概念的支持者包括早期的 HCAI 研究人员，如道格拉斯·恩格尔巴特（Douglas Engelbart），他在 1968 年秋季联合计算机会议上的著名演讲展示了关于增强人类智力的愿景。《纽约时报》的科技记者约翰·马尔科夫在他的畅销书《与机器人共舞：人工智能时代的大未来》（*Machines of Loving Grace: The Quest for Common Ground between Humans and Robots*）中追溯了人工智能与智能增强的历史。他描述了有关人工智能的争议、个性和动机，表明人们越来越相信在科学目标和创新目标相结合方面有可行的方法。

这些问题是我在 1997 年与麻省理工学院媒体实验室的帕蒂·梅斯（Patti Maes）进行辩论时的核心问题。在当时，还尚未普及智能手机和触屏应用程序，我们的立场代表了对未来计算机的两种看法。我基于直接操作的思想举了一些例子，向用户展示了如何使用按钮、复选框和滑块来操作控制面板，以改变地图、文本列表、照片阵列、条形图、线形图和散点图等视觉显示。相比之下，帕蒂·梅斯描述了"软件代理如何了解个人用户的习惯、偏好和兴趣"，她认为"软件代理是主动的，它可以采取主动行动，因为它知道你的兴趣所在。"简言之，我主张设计应该使用户能够高度控制强大的自动化系统，而梅斯则认为软件代理可以可靠地接管并替用户完成工作。即使经过了 25 年的发展，这场辩论仍在以不断变化的形式继续演变着。

追求创新目标的开发人员更倾向于设计工具类产品和服务。他们受到众多指南文件的影响，如苹果公司的《人机界面设计指南》中明确提出的两个原则："控制一切的是人，而不是应用程序……让应用程序接管决策通常是错误的"和"让用户对他们的工作进行完整、细致的控制"。这些指南以及国际商业机器公司、微软和政府等机构的其他指南，促使应用程序在内部和跨应用程序之间实现更大的一致性，这使得用户（尤其是那些残障用户）更容易学习使用笔记本电脑、移动设备和基于互联网的服务上的新应用程序。

在飞机上，我们常常可以看到人们使用笔记本电脑办公，但当一位挂着白色拐杖的盲人女士坐到我旁边时，我感到非常惊讶。飞机刚起飞后，她拿出笔记本电脑开始处理一份商业报告。她通过耳机边听取文本内容，边熟练地修改和格式化文件。当我和她交谈时，她说她是犹他州无障碍中心的负责人。她证实，可访问性指南和普通笔记本电脑上实现的功能使她能够以专业人士的身份充分参与进来。

该指南强调用户控制，甚至适用于残障用户，这推进了计算的广泛应用，然而，在众多的人工智能会议上，人们对机器人和智能术语以及来自科学目标中借用的隐喻仍然非常感兴趣。会议论文可能描述了创新，但通常的方法往往是让计算机自动执行任务，例如读取乳腺 X 光片或自动驾驶汽车。

然而，也有强烈的创新目标观点描述了通过人类操作超级工具和有源设备进行设计的方法。这些观点更有可能出现在增强人类会议上，以及由美国计算机协会的人机交互学会、用户体验专业协会和全球类似组织等组织举办的数十场人机交互会议上。世界可用性日等活动推动了学术界、工业界和政府的合作。在美国计算机协会的智能用户界面等会议上，一些专家学者提出了组合观点的想法。

应用程序的开发人员负责苹果和谷歌应用商店中的 300 万个应用程序，即使在内部使用了大量的人工智能技术，他们通常构建了工具式的用户界面。这些开发人员明白用户通常希望设备易于理解、可预测且在他们的控制下操作。

组合设计可以是构建内部操作的科学目标技术，同时用户可以看到赋予他们明确选择的授权界面，如全球定位系统、网络搜索、电子商务和推荐系统。人工智能引导系统为用户提供拼写和语法检查、网络搜索和电子邮件撰写等方面的建议。华盛顿大学教授杰弗里·希尔（Jeffrey Heer）展示了在数据清洗、探索性数据可视化、自然语言翻译等更高级应用中使用人工智能引导方法来支持人类控制的三种方法。其他人也提出了类似的策略，为用户提供控制面板来操作人工智能引导的推荐系统，例如使用滑动条选择音乐或复选框缩小电子商务搜索范围。这些内容将在第 19 章 "可解释的用户界面" 一节中进行详细介绍。

结合科学目标与创新目标的第二种方法，可以在我们所熟悉的产品设计中看到，如手机、数码相机的自动化功能和人类控制的集成。这些广泛使用的设备采用了人工智能功能，例如高动态范围的照明控制、自动防抖和自动对焦，但用户可以控制构图、切换人像模式、添加滤镜以及在社交媒体上发布帖子等功能。

结合这两个目标的第三种方法是为超级工具提供附加功能，这些附加功能都是由智能代理系统进行设计的。推荐系统正是适合使用这种方式的例子，它使用人工智能算法来推荐电影、书籍、拼写纠正和搜索查询。用户可以从改进的超级工具中受益，但仍然保持控制权，自行选择是否采纳这些推荐。可考虑的新颖推荐是根据冰箱里的食物来推荐三餐，或者根据你吃的食物来调整饮食。还有一类推荐者被称为 "教练"，例如通过评价你的钢琴演奏指出跑调的位置，或者通过反馈来告诉你在瑜伽练习中何时应该进一步弯曲膝盖。这些指导建议最好在用户完成后以及在用户请求时以温和的方式呈现，让用户可以自主选择接受或忽略。

综上，我们可以将智能代理与人类控制超级工具的理念相结合，这些工具是一致的、可理解的、可预测的和可控的。思维的巧妙结合可以提高产品和服务的价值和接受度。第 14 章将介绍指导设计可能性的第二对隐喻：队友和远程机器人。

第14章

队友和远程机器人

在设计机器人和先进技术时，存在一个共同的主题，即人与人之间的交流是人机交互的一个良好的模型，并且对具身性机器人产生的情感依恋是一种价值。许多设计师从未考虑其他方案，他们相信人们相互沟通方式、协调活动和组成团队的方式是唯一的设计模式。然而，这种假设带来的反复失误并没有阻止其他人相信这次会有所不同，他们认为现在的技术更先进，他们的方法是新颖的。

斯坦福大学的克利福德·纳斯（Clifford Nass）及其团队进行的许多心理学研究表明，当计算机被设计得像人类一样时，用户会以适当的社交方式进行回应和参与。纳斯的谬论可以被描述为：由于许多人愿意对机器人做出社交上的回应，因此将机器人设计成具有社交性或类似人类的外观是恰当且可取的。

然而，纳斯和他的同事们没有考虑到其他非社交或非类人设计是否能够带来更优异的性能。超越人类队友的概念可能会增加设计师充分利用计算机独特功能的可能性，包括复杂的算法、庞大的数据库、超级传感器、信息丰富的显示器和强大的效应器。我很高兴地发现，在后来与研究生维多利亚·格鲁姆（Victoria Groom）的合作中，纳斯写道："简而言之，机器人作为队友失败了。"他们进一步解释说："把机器人描述为队友意味着机器人能够扮演人类角色，完成任务，并鼓励人类把机器人当作人类队友对待。当期望未能得到满足时，负面反应则无法避免。"

密歇根大学的莱昂内尔·罗伯特（Lionel Robert）警告称，类人机器人可能会引发三个问题：基于对系统的情感依恋而错误使用机器人；对机器人责任的错误期望；有关合理使用机器人的错误观念趋势。尽管如此，大多数研究人员认为，机器人队友和社交机器人是不可避免的。这一观点在人机交互研究领域非常普遍，他们很少将机器人概念化为工具或基础设施，而主要是将机器人理论化为同伴、交流伙伴或队友。

心理学家加里·克莱因（Gary Klein）和他的同事们明确提出了使机器像人类队友一样高效工作面临的十个现实挑战。这些挑战包括制造可预测、可控的机器，并能够与人们就目标进行协商的机器。作者们表示，他们的挑战旨在激发研究，同时也是"关于技术可以破坏而非支持协调的警示故事"。完美的队友、伙伴、助手或搭档听起来很吸引人，但设计师能否实现这一形象，还是用户会被误导、欺骗而失望呢？用户是否可以在享受队友这一隐喻所暗示的乐于助人的同时，拥有对远程机器人固有的控制权呢？

我对此的异议是，人类的队友、伙伴和合作者与计算机有很大的区别。比起这些术语，我更倾向于使用远程机器人来表示人类控制的设备（图11.1）。我相信记住这一点将会有所帮助——"计算机不是人类，人类也不是计算机"。苏塞克斯大学长期致力于研究创造力和人工智能的研究员玛格丽特·博登（Margaret Boden）提出了另一个同样强烈的观点："机器人根本不是人类。"我认为人与计算机之间的区别包括以下几点。

责任：计算机不具备法律上和道德上的责任，它们无法承担责任或义务。计算机与人类不同。这在所有的法律体系中都是如此，我认为未来也会将如此。博登继续指出了一个简明扼要的原则："负责任的代理是人类，而不是机器人。"这一原则在军队中尤其适用，因为军队非常重视指挥链和责任体系。

即使是在拥有高度自动化的先进战斗机上，飞行员仍然认为自己掌控飞机并对任务成功负有责任，尽管他们必须遵守指挥官的命令和交战规则。早期的水星计划太空舱设计中没有用于手动操作时来实时观察的窗口，但宇航员们拒绝了这样的设计。他们希望在必要时能够控制，但又能响应任务控制中心的规则。尼尔·阿姆斯特朗（Neil Armstrong）将登月舱降落在月球上——尽管登月舱具备充足的自动化水平，但他是负责人。登月舱不是伙伴，"火星漫游者"探测器不是队友，它们都是先进的自动化系统，可以将人的远程操作与高度自动化操作完美结合。

美国空军将无人飞行器一词变更为遥控飞行器，这一更改明确了责任且具有启发意义。美国空军的大部分飞行员在内华达州的美国空军基地工作，远程操作无人机执行军事任务，这些任务往往会带来致命后果。这些飞行员要对自己的行为负责，并且经常承受一些与在战区驾驶飞机的飞行员类似的心理创伤。加拿大政府对操作远程驾驶飞机系统的候选人有一套全面的知识要求，即候选人必须获得操作遥控防空系统的许可证。商业产品和服务的设计人员和营销人员认识到，他们及其组织是责任方。他们在道德上和法律上都要负起责任。商业活动还受到独立监管机制的影响，如政府监管、行业自愿标准和保险要求。

独特的能力：计算机具备独特的能力，包括复杂的算法、庞大的数据库、超级传感器、信息丰富的显示器和强大的效应器。接受"队友"这一隐喻似乎鼓励设计师模仿人类的能力，而不是充分发挥计算机的独特能力。一个机器人救援设计团队描述了他们的项目，该项目是通过自然语言文本信息向操作人员解释机器人的视频图像。然而，当视频或照片可以更快地提供更详细的信息时，这些信息只是描述了机器人"看到"的内容。既然可以充分利用独特的计算机功能以实现更高效的设计，为何要满足于类人机器人的设计呢？

追求先进技术的设计师可以寻找创造性的方法，赋予人们更强大的能力，并使他们在工作中变得惊人地高效——这正是我们熟悉的超级工具所做的，如显微镜、望远镜、推土机、船只和飞机。数字技术也通过相机、谷歌地图、网络搜索等其他广泛使用的应用程序赋予了人类权利。相机、复印机、汽车、洗碗机、心脏起搏器、暖气、通风和空调系统通常不被描述为队友，而是被视为超级工具或有源设备，它们可以放大、增强、赋权和提升人类的能力。

人类的创造性：人类操作人员的创造力体现在发现、创新、艺术等方面。科学论文总是由人类撰写，即使使用了强大的计算机、望远镜和大型强子对撞机。尽管在创造过程中广泛使用了先进的作曲技术，艺术作品和音乐作品也归功于人类。而那些在创造性研究中常常被描述的人类品质，如激情、同理心、谦逊和直觉，是计算机难以完全匹配的。

创造性的另一种表现是赋予计算机系统的人类用户能力、使其能够自行修复、个性化设定和扩展设计，或者向开发人员提供反馈信息，以便开发人员为所有用户做出改进。超级工具、远程机器人等其他技术的持续改进依赖于人类对问题的反馈和对新功能的建议。

那些推崇"队友"这一隐喻的人往往会陷入制作类人机器人的误区，这在吸引机器人方面有着悠久的历史，但只在娱乐、碰撞测试和医疗人体模型方面取得过成功（详见第 16 章），我认为这种情况未来也不会发生改变。就类人救援机器人、拆弹装置或管道检查员而言，还存在更好的设计选择。在通常情况下，典型的四轮车或脚踏车通常由人类管理员进行远程操作。

达·芬奇外科手术机器人并不是我们的队友，而是经过精心设计的远程机器人，使外科医生能够在难以触及的小体腔中执行精细操作（图14.1）。正如刘易斯·芒福德提醒设计师们的那样，成功的技术与人类形态背离无关。美国直觉外科公司（Intuitive Surgical）是达·芬奇系统在心脏、结肠、泌尿外科等其他手术中的开发者，该公司明确表示"机器人并不是您的执刀医生，而是外科医生通过达·芬奇外科手术系统的远程控制台使用器械来完成手术。"

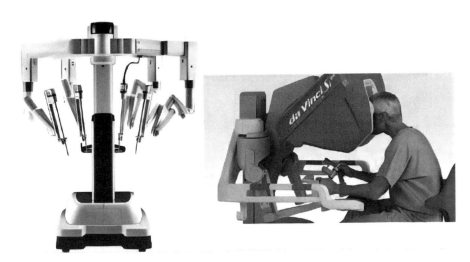

图 14.1　美国直觉外科公司的达·芬奇外科手术系统

许多机器人设备即便自动化程度很高，但仍然具有强大的远程操作能力，可供操作人员执行控制活动。例如，无人机是远程机器人，尽管它们有能力自动悬停或在固定高度轨道运行、返回起飞点或遵循操作员选择的一系列航行路点。美国国家航空航天局的"火星漫游者"探测器还兼具遥控功能和独立运动能力，其通过传感器探测障碍物或悬崖，并规划避开它们。美国国家航空航天局喷气推进实验室（Jet Propulsion Labs）控制中心有数十名操作员，即使"火星漫游者"在数亿千米之外，他们也能控制"火星漫游者"上的各种系统。这是高度人工控制和高度自动化相结合的又一个极好的示例。

远程机器人、远程呈现等术语暗示了另一种设计可能性。这些仪器可以远程操作并让操作人员更加精细地控制设备，例如，远程病理学家通过控制显微镜来研究组织样本。组合设计采用了队友模型，这些模型虽然有

限但已经成熟且具备已验证的功能，并将其嵌入设备中，通过直接控制或远程控制来增强人类表现。

把计算机视为队友的另一种方式是，通过从庞大的数据库和超人类的传感器中提供信息。当复杂算法的结果显示在信息丰富的显示器上时，例如用假色显示血流量的三维医学超声波心动图，临床医生在做出心脏治疗的决定时可以更加自信。同样地，使用彭博终端机获取金融数据的用户认为，计算机使他们能够在购买股票或重新配置共同基金投资组合方面做出更大胆的选择（图 14.2）。彭博终端机采用专门设计的键盘和一个或多个大型显示器，用户通常将多个窗口按空间稳定方式排列，以便知道他们需要的内容在哪里。通过平铺而不是重叠的窗口，用户可以快速找到所需的内容，无须重新排列窗口或向下滚动。决策所需的大量数据都易于查看，并且点击一个窗口就可以在其他窗口中生成相关信息。因此，超过 30 万的用户每年支付 2 万美元在他们的办公桌上使用这个超级工具。

图 14.2　彭博终端显示机

注：一个面向金融分析师的彭博终端机显示了丰富的数据，排列成空间稳定且不重叠的窗口。

综上，"队友"这一隐喻的持续存在对许多设计师和用户具有吸引力。虽然用户可以自由地将他们的计算机描述为队友，但利用计算机的独特功能，如复杂算法、庞大数据库、超人类传感器、信息丰富的显示器和强大的效应器，设计师可能会开发出更有效的远程机器人，并被用户视为超级工具。

第 15 章

确定的自主性和控制中心

计算机自主性是许多人工智能研究人员、开发人员、记者和推广人员所追求的一个有吸引力的科学目标。过去关于计算机自主性的描述，正在被更加强调确定性和自主性的讨论所取代，这与越来越多的团队和个人开始使用控制中心形成了对比（图 11.1）。

计算机自主性已成为一个广泛使用的术语，用来描述独立运行的机器，而不直接受人类控制。美国国防科学委员会给出的定义如下：

自主性是将决策授权给被授权实体，并在特定的边界内采取行动。一个重要的区别是，一个受规范制度约束且不允许偏差的系统是自动化的，而非自主的。要实现完全自主，系统必须有能力根据其对世界、自身和情况，基于知识和理解，生成不同的行动方案并做出选择，以实现目标。

然而，美国国防科学委员会提醒说：

不幸的是，"自主"这个词经常在媒体以及一些信息化军事领导人的思维中被误解为计算机能够独立决策和不受控制的行动……需要明确的是，所有的自主系统都在某种程度上受到人类操作人员的监督，并且自主系统的软件中设定了对计算机行动和决策的限制……因此，自主性本身并不能解决任何问题。

这一提醒强调了一个现实，即让人类和机器嵌入在复杂的组织和社会系统中相互依赖也成了一个重要的目标。既然人类仍然是负责任的行为者（在法律上、道德上、伦理上），难道计算机不应该以确保用户控制的方式设计吗？组合设计的立场是，如果某些功能是可理解的、可预测的和可控的，那么它们就可以是完全自主的，同时也要让用户控制那些不可靠的或重要的功能。

虽然人们对完全自主系统的热情仍然很高，并可能将其作为一个有价值的研究目标，但其实际应用效果一直令人担忧。自主的高速金融交易系统已经造成了数十亿美元的金融事故，但更令人担忧的是一些自主系统产生的致命后果，比如爱国者导弹系统在伊拉克战争期间击落了两架友军飞机，2016 年一辆特斯拉汽车在自动驾驶状态下发生碰撞。更悲剧的例子是 2018 年末和 2019 年初波音 737 MAX 的坠机事故，该事故由自主的机动特性增强系统引起，该系统甚至在未通知飞行员的情况下，接管了对飞机的一些控制权。

得州农工大学教授罗宾·墨菲（Robin Murphy）的自主机器人定律揭示了自主性带来的一些问题："任何机器人系统的部署都无法达到目标的自主水平，从而导致或加剧了与人类问题解决者协调的不足。"

那些在现实中支持创新目标的人一再强调了计算机完全自主的危险。1983 年的一篇早期评论揭示了自主性的讽刺之处，它不但没有减轻操作人员的工作量，反而增加了他们的工作量，因为需要持续监控自主计算机。操作人员陷入了一种忧虑的境地，因为他们不确定计算机将会做什么，却要对结果负责。

此外人类还担忧在无事可做时难以保持警惕，当问题出现时迅速接管工作的挑战以及在需要接管业务时保证技能熟练度的困难。这些关于警惕、快速过渡和操作员去技能化的讽刺仍具有现实意义，因为操作人员要对结

果负责。

在"自主系统的七个致命神话"这篇措辞强烈的论文中，由杰夫·布拉德肖、罗伯特·R.霍夫曼、大卫·D.伍兹和马特·约翰逊组成的团队发表了有力的评论。他们大胆宣称："没有什么比所谓的智能机器更糟糕的了，它不能告诉你它在做什么，为什么这样做以及何时结束。更令人沮丧或更危险的是，当某些事情（不可避免地）出现错误时，机器无法响应人类的指令。"这些作者还发表了令人震惊的言论，认为相信计算机完全自主的人"屈从于自主的神话，不仅对自身造成了伤害，而且其持续传播也在造成伤害……因为它们导致了许多其他严重的误解和后果"。

即使是人为因素领域的专家，如米卡·安德斯雷教授，也对自主性目标描述了一些难题："随着系统的自主性增加，其可靠性和稳健性也会提高，人类操作人员的态势感知能力就会越低，他们在需要时顺利接管手动控制的可能性就越小。"安德斯雷在自主系统中的态势感知研究中允许一定程度的监督控制，这种混合设计看起来更符合实际情况。人为因素领域的另一位专家者彼得·汉考克（Peter Hancock）在他 2022 年发表的措辞强硬的评论文章"避免不利的自主代理行为"中，提出了进一步的危险迹象。他担心自动设备出现"几乎无法避免"的情况，因此他呼吁取消或严格限制自动设备的能力。

围绕致命性自主武器系统风险的争论仍在继续，这些武器可以在没有人为干预的情况下选择目标并发射致命导弹。一个积极的努力正在进行中，试图像禁止使用地雷一样禁止使用这些武器，而且已经聚集了近 5 000 个签名。在日内瓦举行的联合国《特定常规武器公约》定期会议吸引了来自 125 个国家的代表，他们正在起草一项限制使用致命性自主武器系统的条约。认知科学研究人员的报告支持了他们的观点，并记录了自主武器的失败、风险和成本。然而，一些军事领导人不希望受到限制，因为他们担心对手会采用自主武器。因此，就限制自主防御或进攻性武器的应用达成任何协议一直进展缓慢。

我也相信，计算机自主对于许多应用程序来说是有吸引力的。我渴望拥有一个能够可靠、安全地完成重复、危险或困难任务的自主设备。我希望我有一辆自动驾驶汽车，可以避免剐蹭到狭窄车库的柱子上。这类人为失误可以通过防止人为错误的设计来避免。安全第一的方法似乎是在重要和生命攸关的应用中的明智选择。

确定的自主性这一概念被越来越多地讨论，比如我在 2020 年 2 月在亚利桑那州凤凰城参加的计算研究协会研讨会上就这个话题进行了激烈讨论，保留了"确定的自主性"这一术语，并提倡以人为中心的方法、证明正确性的正式方法、广泛的测试和独立的认证。该报告承认，"由于自主系统故障的法律和道德责任只存在于自然人和组织中，设计人员和开发人员应当接受培训，以了解责任的法律原则。"

我支持这些说法，但我更倾向于使用"监督自主性"这一术语，通过控制面板和控制中心来实施。监督自主性意味着，人类正在通过设备上的可视化控制面板或远程控制中心监控其性能，以便他们能够及时干预以确保正确结果。监督自主性的另一个组成部分是收集审计记录和产品日志，以支持回溯性故障分析（参见第 19 章的"审计跟踪和分析工具"一节）。在某些情况下，远程控制中心可以监控许多汽车或火车、医院重症监护室或通信网络的运行。

"确定的自主性"这一术语仍然得到了支持，正如约翰·霍普金斯大学确定自主性研究所的成立所示。该研究所网站称，"未来自主系统的可靠性将取决于可靠的技术、严格的系统和人类工程以及有原则的公共政策。"英国研究与创新委员会已经向几所大学提供了大量资金，以推动"值得信赖的自主系统"的研究。我担心的是，这些确保或值得信赖的自主条款所承

诺的内容超出了可能的范围，误导开发人员相信他们可以在最少的人工监督下构建一个可靠、安全、可信赖的系统。

相比之下，像监督自主、灵活自主、共享自主、并行自主和分配自主等术语表明，人类自主同样也是一个重要的目标。另一种构想是，控制中心可以提供人工监督，支持持续的态势感知，并提供清晰的模型来描述正在发生和将会发生的事件。控制中心提供信息丰富的控制面板，为每个操作提供详尽的反馈，并提供审计跟踪以便进行回溯性审查。谢里丹对监控、远程机器人和自动化进行了广义的描述，他试图详细定义手动控制和全自动控制之间的空间，从而明确人类对工业控制中心、机器人、电梯和洗衣机运行的责任。

控制中心这一隐喻是指人类制定目标时的决策，由计算机执行可预测的任务，通过传感器引导并由效应器执行低级的物理动作。我们所熟悉的汽车自动变速箱就是一个成功且成熟的自动系统，该系统在很大程度上是独立运行的。在社交媒体或电子商务等电子系统中，用户执行如下任务：发布消息或订购产品并获取有关已发生事情的反馈，包括关于朋友的帖子或产品发货延迟的提醒等。在成熟的系统中，用户对于设备或系统正在做什么有一个清晰的心理模型，系统通过联锁装置防止意外操作并在出现问题时发出警报，同时具备在意外操作或目标变化时进行人工干预的能力。

当代的控制中心概念涵盖更具雄心的想法。例如，在商业航空中，可能存在多种形式的人工控制，从飞机驾驶员和副驾驶员开始，包括在当地控制中心工作的空中交通管制员，以及 20 个协调美国国家空域的区域控制室。对自主系统的进一步监管包括每架飞机的空管局认证、飞行员培训和表现的审查，以及对飞行数据记录仪信息的回溯性分析，以研究故障和避免未遂事故。类似地，医院、交通、电力、股票市场、军事等复杂系统有多个控制中心，其中可能包含许多人工智能引导的组件。

人们越来越支持组合解决方案，正如丹妮拉·罗斯的设想。罗斯是麻省理工学院一个研究小组的负责人，该小组致力于研究平行自动驾驶汽车，即由人类控制车辆，而计算机在正常驾驶过程中只进行最低限度的干预。然而，计算机将通过制动或避免与汽车、障碍物或行人碰撞来防止事故发生。这种安全至上的汽车概念在其他计算机应用领域中，尤其是第16章将讨论的移动和社交机器人中也是有意义的。

综上，人们对"确定的自主性"这一概念充满热情，但对于多数应用来说，控制中心可能为人类监督提供了更多的机会。当系统需要自主活动来做出快速响应时，高度警惕和持续的性能审查将有助于更安全的操作。术语并不重要，只要设计人员找到一个可靠、安全、可信赖的设计策略，并进行充分的测试、收集用户的反馈、进行审计跟踪和公开问题报告即可。

第 16 章

社交机器人和有源设备

第四对隐喻让我们想到社交机器人，这一概念流行了很长一段时间，有时也称之为类人机器人、拟人机器人或人形机器人，因为它们都基于人类的外观。与之形成对比的是常用电器，如厨房灶具、洗碗机和咖啡机，以及洗衣机、烘干机、安全系统、婴儿监视器、家庭供暖设备、空调系统等。此外，房主还可以使用户外的有源电器或远程机器人给花园浇水、修剪草坪和清理游泳池。我把更宏大的设计称为有源设备，因为它们有传感器、可编程动作、可移动性和多种效应器（图 11.1）。有源设备不仅仅是等待用户激活，它们还可以在特定的时间或在需要的时候被触发，例如温度变化、婴儿哭泣或有人闯入家里时。

社交机器人的历史

人们对类似人类的社交机器人的设想至少可以追溯到古希腊，但最令人震惊的成功之一可能发生在 18 世纪 70 年代。瑞士钟表匠皮埃尔·雅克 – 德罗（Pierre Jaquet-Droz）创造出了精巧的可编程机械设备，该设备有人脸、四肢，甚至还穿了衣服。"作家"用羽毛笔在纸上作画，"音乐家"弹钢琴，"制图员"画图，但这些都只是瑞士纳沙泰尔艺术与历史博物馆的展品。与此同时，印刷机、音乐盒、钟表和磨粉机等其他设备也取得了成功。

人类创造角色的想法被经典故事所接受，例如 16 世纪布拉格的拉比

（Rabbi）创造的魔像和玛丽·雪莱（Mary Shelley）在 1818 年创作的《弗兰肯斯坦》（*Frankenstein*）。在儿童故事中，由杰佩托（Geppetto）制作的木偶匹诺曹栩栩如生，而《不听话的小火车》（*Tootle the Train*）中拟人化的角色拒绝遵守规则留在轨道上。在德国诗人约翰·沃尔夫冈·冯·歌德（Johann Wolfgang von Goethe）的《魔法师的学徒》（*Sorcerer's Apprentice*）中，主人公召唤出一个骑扫帚的角色去取水桶，但是当水漫过车间时，魔法师无法停止召唤。更糟糕的是，将其一分为二只能变成两个扫帚。在 20 世纪，用来讨论动画中类人机器人的隐喻和语言通常可以追溯到卡雷尔·恰佩克（Karel Capek）于 1920 年创作的戏剧《罗素姆万能机器人》（*Rossum's Universal Robots*）。

这些例子说明了社交机器人的概念：有些是机械的、生物的，抑或是由黏土或木头等材料制成的，它们通常具有人类的特征，比如腿、躯干、手臂以及一张具有眼睛、鼻子、嘴巴和耳朵的脸。他们可以做出面部表情和身体姿势，同时用类似人类的声音说话、表达情感和展示个性。

这些迷人的社交机器人超越了纯粹的木偶，具备强大的娱乐价值，因为它们似乎可以自主运作。孩子们和许多成年人都热衷于把机器人作为电影角色，与机器人玩具打交道，并渴望建造自己的机器人。但事实证明，除了用于碰撞测试的假人和医疗人体模型外，设备从娱乐设备转向服务于创新目标非常困难。

早期机器人手臂就是一个说明类人机器人的概念是如何误导人的设计案例。这些机械臂很像人类的手臂：有五个手指，但手腕只能旋转 180 度。这些机械臂最多可以举起 20 磅（1 磅 ≈ 0.45 千克）的物体，这限制了它们的使用范围。最终，工业自动化的需求催生了柔性制造系统，制造出了强大、灵巧的机器人手臂，而不是类人类的形态。除了手肘和手腕，这些机器人可能有五到六个关节，可以在多个方向上扭转并精确举起数百磅的重物。机器人的手不再有五个手指，而是有两个抓手或吸力装置。正如刘易

斯·芒福德所预测的那样，机器开始从类人形态转向更复杂的、为特定任务量身定制的形态。

尽管如此，研究人员、公司，甚至政府机构都制造过社交机器人。1993 年，美国邮政局建造了一个真人大小的"邮政员"（Postal Buddy），并计划安装 10 000 台机器。然而，在消费者拒绝安装 183 个"邮政员"亭后，他们停止了这个项目。许多拟人化的银行柜员的设计，比如"柜员蒂莉"（Tillie the Teller），由于消费者的反对销声匿迹了。当代银行系统通常不使用自动取款机这个名称，而是使用自动交易机或提款机，这些机器帮助顾客快速完成任务，而不用与具有欺骗性的、银行柜员化身的机器人进行干扰性的对话。此外，由于其他人在排队等候，语音命令也会带来隐私问题。

由克利福德·纳斯的咨询师提出的谬论，导致了微软 1995 年的 Microsoft BOb 的失败，该软件通过屏幕中友好的角色帮助用户完成任务。这个可爱的想法引起了媒体的注意，但一年后微软将其关闭，并未推出 2.0 版本。同样，微软 Office 1997 的"大眼夹"是一个十分健谈、面带微笑的回形针角色，它会弹出来提供帮助，从而打断用户的工作和思路。

还有一些被大力推广的想法，例如安娜诺娃（Ananova），一个基于网络的新闻主持人化身，于 2000 年推出，但在几个月后就叫停了。2018 年，中国的开发者为国家通讯社（新华社）重新提出了类似人类的新闻阅读器的想法，并于 2020 年 6 月发布了迭代版本。即使是屏幕上欢快的角色，比如苹果公司 1987 年著名的知识导航视频中的管家肯（Ken the Butler）和智能辅导系统中的化身，也已经消失了。这些角色分散了用户的注意力，使他们无法完成任务。

制造商本田（Honda）制造了一款几乎真人大小的社交机器人，名为"阿西莫"（Asimo），该机器人出席贸易活动并被社交媒体广泛报道，但该项目在 2018 年停止，也没有商业化的计划。最近有一个戏剧性的新闻事件，大卫·汉森（David Hanson）的社交机器人公司生产了一个真人大小且会说话的机器人，名为"索菲亚"（Sophia），并获得了沙特阿拉伯国籍，该公司的座右铭是"我们赋予机器人生命"。这些宣传噱头引起了媒体的广泛关注，但并没有带来商业上的成功。该公司将技术重心转向 35 厘米高、价格低廉的可编程机器人，名为"小索菲亚"（Little Sophia），可用于教育和娱乐，并被描述为"一种通过机器人朋友陪伴孩子们学习 STEM（即科学、技术、工程、数学）、编程和人工智能的有趣而有益的冒险"。

在麻省理工学院媒体实验室，辛西娅·布雷西亚（Cynthia Breazeal）20 年来在大力推广情感机器人演示，如 Kismet，并最终成立了一家名为 Jibo 的创业公司，但该公司于 2019 年关闭。其他社交机器人初创公司，包括 Anki（Cozmo 和 Vector 的制造商）和 Mayfield Robotics（Kuri 的制造商），也于 2019 年关闭。这些公司找到了满意的用户，但对于重视社交机器人设计的用户来说，市场还不能满足他们的需求。康奈尔大学的盖伊·霍夫曼（Guy Hoffman）写道："现在看来，引领社交家庭机器人这一新兴市场的三家最具竞争力的公司，都未能找到可持续发展的商业模式。"霍夫曼仍然乐观地认为，艺术家和设计师仍然可以创造出成功的改进模型："在你的空间里，一个实体围绕着你，随你而动，提供一种情感上的纽带，这是任何脱离实体的转化者都无法做到的。"

霍夫曼在康奈尔大学的同事、小组机器人实验室的负责人马尔特·荣格（Malte Jung）发给我一封电子邮件，写道："我很难看到拟人化机器人令人信服的设计论点（除了一小部分案例）。我认为设计具有拟人形态或行为特征的机器人有几个缺点，包括不必要的复杂性、唤起时无法满足期望的风险。"荣格看到了相关领域的机遇："汽车正变得越来越像机器人……我们可以使用人机交互设计方法来改进这些系统。"

一些公司正在设法把刻骨铭心的类人机器人演示转变成有前途的产品，

并计划使这些产品超越拟人化的灵感。波士顿动力公司（Boston Dynamics）从最初的两腿双臂社交机器人开始，逐步发展到现在的轮式机器人，这种机器人具有真空吸力，用于搬运仓库中的重物（图 16.1）。韩国汽车巨头现代汽车股份有限公司（Hyundai）于 2020 年收购了波士顿动力公司，表示支持该技术的研发，该公司的估值超过 10 亿美元。

图 16.1　波士顿动力公司用于搬运仓库箱子的移动机器人

资料来源：Handle™ 机器人图片，由波士顿动力公司提供。

日本信息技术和投资巨头软银股份有限公司（Softbank）是波士顿动力公司的股东之一，也致力于开发"聪明有趣"的产品。软银于 2012 年收购了法国公司 Aldebara Robotics，并在 2014 年推出了 Pepper 机器人，这款机器人有 1.2 米高，且具有人类外形，其头部、手臂和手部的动作都很有表现力，还有一个用于移动的三轮底座。软银声称，Pepper 机器人"在人机互动方面做了优化，能够通过对话和触摸屏与人互动"。其吸引人的设计和对话能力激发了消费者的强烈兴趣，其销量超过 2 万辆。Pepper 机器人的任务包括迎宾、提供产品信息、展示、导购、满意度调查管理等。德国一家养老院对 Pepper 机器人进行了为期 10 周的研究，研究表明，在体能训练和游戏方面，"老年人喜欢与机器人互动"，但他们明确表示，"不希望机器人取代护理人员"。在新冠疫情期间，购物中心的 Pepper 机器人戴上了口罩，以提醒顾客。2015 年，软银机器人公司从法国阿尔德巴兰机器人公司（Aldebaran Robotics）收购了一款半米高的人形机器人 NAO。NAO 比 Pepper 机器人更复杂，也更昂贵，但已经在医疗、零售、旅游和教育应用领域售出了 5 000 多台。软银在 2021 年 6 月关闭了 Pepper 机器人的生产平台，这表明了社交机器人行业的动荡。

日本，一个经常被描述为渴望小工具和机器人的国家，其一家配备机器人的酒店只营业了几个月，于 2019 年关闭。该酒店有清洁机器人和前台机器人（包括外观像鳄鱼一样的接待机器人）。该公司总裁说："当你真正使用机器人时，你会意识到有些地方不需要它们——它们甚至会惹恼顾客。"同时，传统的饮料、糖果和其他自动售货机在日本等其他地方都取得了广泛的成功，这些售货机已经改进得更加复杂，可以加热或冷藏食物和饮料。

关于社交机器人用于自闭症治疗的争议仍在继续。一些研究报告称，对于有人际关系障碍的儿童，使用该机器人会对他们的人际关系障碍问题有所改善。这些研究表明，自闭症儿童可能会觉得与机器人相处更自在，这可能为改善他们的人际关系奠定了基础。

批评者认为，关注技术而非关注儿童只会带来早期的成功，但不会带来持续性的成果。德蒙福特大学的尼尔·麦克布莱德（Neil McBride）表达了担忧："如果我们不只是把人类看作一台机器，我们就不可能把治疗的责任下放给一个机械玩具。"然而，与玩偶和木偶一起游戏的治疗方法，可能演变到机器人这一角色。

追随者和怀疑者之间的紧张关系日益加剧。牛津互联网研究所的大卫·沃森（David Watson）表达了强烈的担忧："回归拟人化比喻的诱惑……往好了说是误导，往坏了说是彻头彻尾的危害。"他还谈到了责任的伦理问题："在社会敏感的应用程序中，赋予算法决策权，可能会削弱我们的能力，令有能力的个人和团体难以对技术调节行为负责。"类人社交机器人的追随

者群体仍然很强大，他们希望能找出成功的设计和广阔的市场。

动物机器人

虽然类人社交机器人受到一些用户的青睐，但尚未取得成功，许多开发人员认为，类似动物的宠物机器人可能具有足够的吸引力，从而激发消费者的热情。

PARO 治疗机器人是一种人造毛皮覆盖的白色海豹状机器人（图 16.2），配有触觉、光线、声音、温度和姿势传感器，因此该机器人能"像有生命一样做出反应，移动头部和腿部，发出声音，以及……模仿格陵兰海豹宝宝的声音"。

图 16.2　机器人治疗设备 PARO

注：2018 年 6 月，柴田隆典博士拿着他的发明——机器人治疗设备 PARO。

PARO 机器人已被美国食品和药物管理局批准为二类医疗器械。过去十多年间的一些研究报告表明，该机器人获得了患者的积极回应（"它就像一个伙伴""它可以跟我聊天""它让我快乐"）以及潜在的治疗改善迹象。然而，这些通常是 PARO 机器人刚被引入时的短期研究，患者对这种新奇的事物感兴趣，但长期使用效果仍有待研究。有报道称，这种新奇性是一种吸引力，可以激发居民之间的讨论，让他们与朋友进行满意的交流。

其他宠物机器人还有索尼公司（SONY）的机器狗 AIBO，它于 1999 年首次发布，在 2006 年停产。由于早期的模型无法修复，失败的机器狗 AIBO 不得不被处理掉；然而，在日本，主人对宠物机器人的热爱催生了数百场佛教葬礼，为这一备受赞赏的伴侣举行了富有同情心的告别仪式。一位寺庙的高级僧侣同情地说，佛教尊重无生命的物体，因此"尽管 AIBO 是一台机器，没有感情，但它是人类情感的真实写照"。

2018 年，索尼推出了一款售价 2900 美元的升级版 AIBO，其性能令人印象深刻，甚至能够支持两只 AIBO 之间的友谊。这些机器人可能很有趣，正如像网站上说的那样，"AIBO 的眼睛闪烁着聪明的光亮，它会说话，不断地向你敞开心扉，让你了解它的感受"（图 16.3）。当前，它的新版本仍然很受欢迎，在商业上取得了一定的成功。

图 16.3　索尼机器狗 AIBO

图片来源：由本·施奈德曼拍摄。

和机器狗 AIBO 价格相当的还有 Consequence Robots 公司生产的 MiRO-E 机器人，其外观类似狗。该机器人支持编程语言，可以提高孩子的编程技能。另一个更便宜的机器人是玩具制造商孩之宝（Hasbro）公司在 2015 年开发的陪伴型机器狗"Joy for All"，其售价为 129 美元。它是一种柔软、可爱、有回应能力的玩伴，适用于患有轻度至中度阿尔茨海默病或孤独症的老年人。Ageless Innovation 公司于 2018 年成立了一家独立公司，致力于为老年人制造有趣的玩具（图 16.4）。独立研究人员进行了十多项研究，报告称，许多用户对狗型或猫型的宠物机器人感到满意并从中受益。他们的创始人兼首席执行官泰德·费舍尔（Ted Fischer）告诉我，宠物陪伴型机器人的销量已经超过了 50 万台。低廉的价格意味着养老院的老年人可以拥有自己的宠物机器人，而不是每周只有几个小时才能使用的昂贵设备。"Joy for All"陪伴型宠物可以吠叫或喵喵叫、移动头部和身体、有心跳，并对声音、触摸和光线做出反应。

图 16.4 "Joy for All"陪伴型宠物机器狗

Tombot 机器狗是一种新兴的机器宠物，专为患有轻度至中度阿尔茨海默病等其他疾病的老年人设计。机器狗身上覆盖着一层人造毛皮，并可以在适当的位置休息，其头部、嘴巴、尾巴和耳朵可以做出丰富的动作（图16.5）。独处时，它会发出温柔的犬吠声，并对声音、触摸、抚摸和爱抚有反应。这款机器狗由吉姆·亨森（Jim Henson）的 Creature Shop 公司设计，并由大学研究人员进行了原型测试，2022 年开始向预付费买家交付，随后销售人员将向排起长队的顾客开放销售渠道，其售价为 400 美元。

图 16.5　机器狗 Tombot 与首席执行官汤姆·史蒂文斯

图片来源：tombot 网站。

我在线上玩具商店里发现了几十种动物机器人，我想尝试购买一个。因此，我从 Fisca 购买了一只可编程机器狗，它更像著名的机器狗 AIBO，但价格仅为 60 美元，且拥有数百条五星好评，因而似乎值得购买（图16.6）。用户可以用手持式遥控器控制机器狗前进或后退、左转或右转、摇头、眨眼、播放音乐，以及发出狗叫声。它的塑料身体很耐用，在轮子上的移动也很有趣，但它缺乏其他宠物机器人柔软可爱的特征。我能够编程让它四处走动和跳舞，但一个小时后，我就玩腻了。我觉得它很有价值，性能也像广告宣传的那样好，但我不会再使用它了。

（a）

（b）

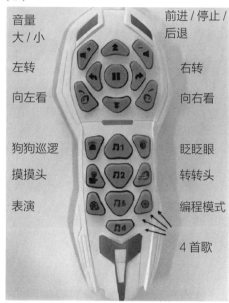

音量
大/小
左转
向左看

前进/停止/
后退
右转
向右看

狗狗巡逻
摸摸头
表演

眨眨眼
转转头
编程模式

4 首歌

图 16.6　购自 Fisca 的可编程狗机器人

波士顿动力公司推出了一款截然不同的可编程机器人 Spot，这是一个外观似狗的四足机器人，售价为 7 万美元，令人印象深刻的是其具有行走、奔跑、转弯、跳跃以躲避物体、爬楼梯的能力（图 16.7）。它配备了一个精心设计的游戏机手柄式的控制器，类似于无人机控制器，使其易于学习操作。Spot 的多个摄像头和传感器使它能够在崎岖的地形上自主执行复杂的动作，如跌倒后爬起、穿过狭窄的通道。该宠物机器人是组合设计理念的另一个示例，其设计可以支持它自主地进行快速移动并保持稳定性，而长期功能和规划则是由人类操作人员执行的。它可以通过声音或火灾传感器进行安全巡逻，安装摄像头进行管道检查，或携带设备支持军事任务。

然而，Spot 机器人的用户手册提醒说："Spot 不适用于近距离操作的任务。操作过程中，人类必须与 Spot 保持安全距离（至少 2 米），以免受伤……Spot 有时可能会意外移动或下降，使用 Spot 时，该区域必须满足以

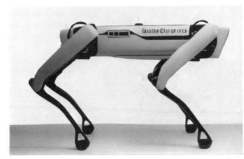

图 16.7　波士顿动力公司的 Spot 机器人和遥控器

下条件：当其发生跌倒和碰撞时不会导致无法接受的风险。"

2008 年至 2018 年期间的 86 篇论文和针对 70 项用户研究的一篇综述显示，人们对社交机器人有着持续研究的兴趣，但也缺乏对其接受度的长期研究，这表明人们的兴趣已经过了新奇阶段。然而，这篇综述表明，社交机器人在激励儿童更多地参加体育活动方面具有潜力。

综上，类人社交机器人尚未取得成功，但宠物狗或宠物猫机器人似乎正在为老年人，甚至为一些儿童所接受。成功的关键似乎是找到真正的人类需求，并且这些需求可由类似动物的机器人设备来满足。

有源设备

与社交机器人和动物机器人不同的是，有一类机器人可被称为设备电机型机器人，但我将其称为有源设备。这一大类成功的消费产品能完成必要的任务，如厨房工作、洗衣杂务、房屋清洁、安全监控和花园维护。此外，还有许多娱乐中心设备和各式各样日益复杂的运动器材。这些有源设备的控制面板（见第 9 章的示例）受到了越来越多的关注，因为设计师开发了更丰富的触屏控制，适应了更精细的用户需求，以设计出更好的产品。越来越多的家庭控制设备依赖机器学习来识别使用模式，例如谷歌 Nest

Learning 恒温器中的温度控制（图 16.8）。

图 16.8　谷歌 Nest Learning 恒温器

一项针对人工智能领域的从业者的非正式调查显示，他们中约有一半人接受将家电称为机器人的想法，但另一半人认为，它们缺乏移动性和类似人类的外形，因此不适合被称为机器人。

我感到荣幸的是，我们家的厨房里有七台有源设备，它们都由传感器来探测并据此调整行动。其中大多数设备都处于待激活状态，但可以通过编程设定启动时间或根据传感器自动激活。这些设备越来越多地使用了人工智能方法，从而节省能源、识别用户、提高家庭安全性或通过语音用户界面进行交流。

但令我失望的是，这些设备的设计仍存在很大的改进空间，因为其内部设计往往不一致，且在不同设备之间又存在很大差异，用户难以学习。每个设备都有一个时钟，有些也有日期显示，尽管某些设备来自同一个制造商，但其设置时间和日期的用户界面都不尽相同。因为不同的设计，特别是因为某项任务可以自动化，夏令时制引起的更改是一个本不必要的问题。烤箱、微波炉、咖啡机、电饭煲等其他设备的设定计时器，以及剩余时间或当前设备温度的状态显示，都可以标准化。可考虑的更好做法是，所有这些设备都可以连接到我的手机或笔记本电脑，这样当我不在家时也可以控制它们。

家用的另一类有源设备，即医疗设备，可以通过一致性的用户界面做得更好。常用设备有体温计、体重秤、计步器、血压计和脉搏血氧仪，专用设备包括针对糖尿病患者的血糖监测仪、针对女性的月经周期监测仪，以及针对睡眠呼吸暂停患者的持续正压通气设备。此外，运动器械是一个发展迅速的领域，如跑步机、椭圆仪、动感单车和划船机。一些制造商打出了"人工智能驱动"的广告，表明锻炼过程可通过机器学习技术实现个性化，其中一些器械可以显示时间和日期设置，但各设备的控制面板和数据显示大不相同，对于这些运动器械来说，移动设备或笔记本电脑上的一致的用户界面和操作尤为有用。对于医疗和健康设备的需求，用户往往需要记录数月甚至数年的历史数据，因此自动记录有助于用户跟踪健康状况，这些健康数据可以用于分析、确定病变情况，并共享给临床医生以改进治疗计划。

iRobot 公司在消费者领域取得了显著的成功，它生产了扫地机器人Roomba（图 16.9）。戴森、三星、索尼等公司也在销售相关产品，如拖地机器人、修剪草坪机器人、清理游泳池机器人等。这些机器人具有可移动性，通过其传感器和复杂的算法，可以在避开障碍物的同时绘制空间地图。我很喜欢使用 iRobot 公司的 Roomba，它会用吸尘器清扫地板和地毯，然后回到它的基站充电，并把灰尘排入袋子中。它还可以通过智能手机控制，实现远程操作。

早期 Roomba 的设计受到自主性思维的影响，用户控制非常有限（只有三个简单的按钮），且反馈信息极少，但最新版本的产品通过智能手机用户界面实现了更好的用户控制。用户可以安排整个公寓或单个房间的清

图 16.9　iRobot 公司销售的 Roomba 700 系列机器人吸尘器

洁，但 Roomba 的传感器可以检测房间是否有人，然后决定是否进行清洁。智能手机应用程序显示了 Roomba 的行动记录，但最令我钦佩的功能是，该机器人可以在两到三次清洁后生成所在空间的地图，包括沙发和床等阻碍 Roomba 移动的空白区域。经过一番努力，我对公寓进行了一些配置和标记，并可以指定该机器人更频繁地清洁某个区域，比如走廊，那里经常会沾上鞋子的灰尘。

随着有源设备变得更加复杂，控制面板、用户控制、历史记录保存和性能反馈等问题将随之增加。以色列本古里安大学的肖恩·霍尼格（Shanee Honig）和塔尔奥隆·吉拉德（Tal Oron-Gilad）对 52 项机器人故障研究进行了仔细审查，为机器人的进一步成功运行提供了指导。他们讨论了机器人如何通过控制面板、语音信息或远程监控设备上的显示器来指示故障，还解决了机器人如何向用户报告故障以及用户如何采取措施从故障中恢复的问题。下一步的工作将是制定系统故障报告的方法，从而加速系统的改进。在专注于学术研究报告的同时，医疗和工业机器人故障的事件报告也在增加。霍尼格和吉拉德最新的研究分析了亚马逊的在线客户评论，以了解家用机器人的故障发生的频率以及它们如何影响客户的意见。

清洁、维护和园艺等家庭服务领域更具有发展前景，这些家庭服务使人们的生活更轻松，并扩大了人们可以做的事情的范围。第 26 章列出了老年人的需求，如娱乐、医疗设备和安全系统，这些都是许多家庭中有源设备的候选产品。

语音和文本用户界面

有源设备这一理念的显著成功是基于语音的虚拟助手，如亚马逊的 Alexa、苹果公司的 Siri、谷歌的 Home 和微软的 Cortana。设计师已经开发了语音识别和问题回答系统，其生产高质量语音的功能获得了消费者的认可。当遇到无法回答的问题时，虚拟助手会提供给用户一个网页链接，以帮助他们了解更多相关问题。这些设备采取了表面有纹理的圆柱体外观，而非人类形态，因而适合许多家庭的装修风格。这意味着它们不符合社交机器人的严格定义，但其成功值得关注，并为其他语音操作的家庭设备提供了机会。

一项针对 82 台亚马逊 Alexa 和 88 台谷歌家庭设备的研究显示，超过四分之一的用户使用这些设备是为了查找和播放音乐。此外，用户频繁使用的功能是搜索信息、控制家庭设备，如灯光和暖气；较少使用的是设置计时器和闹钟、请求讲笑话，以及获取当前天气状况或天气预测功能。

大多数用户将语音用户界面视为完成任务的一种方式；他们不是朋友、队友、伙伴或合作者——他们是超级工具。的确，用户很可能请求拥抱、提出不可能完成的请求，以及提出诸如"你还活着吗"之类的探询性问题来探索各种可能性，Siri 对此回答说："我不是人，也不是机器人。我是软件，是来帮忙的。"

语音听写是一个成功案例，它可以辅助那些因受伤、失去运动控制能

力或因视力障碍而打字困难的用户进行文本输入和编辑。语音听写也适用于那些双手忙碌的用户，如医生，他们可以在检查患者、查看 X 光片或实验室报告等其他文件时用语音记录患者情况。与非正式对话相比，医疗保健的专业术语需要具备更高的语音识别准确率。

基于电话的语音用户界面也是一个成功案例，即便是在嘈杂的环境中，语音识别质量也很高。独立的扬声器设计避免了对系统的训练需求，一般来说是有效的，尽管存在口音和语言障碍等问题。

语音阅读器是一个不断发展的应用程序，并在阅读电子图书和杂志方面越来越成功，阅读器可以使用合成语音，但人类的声音更受欢迎，因为人类的声音传达了适当的情感、准确的发音和吸引人的韵律。这些语音阅读器可以帮助有视觉障碍的用户，同时，在长途汽车旅行或散步时它也很受普通人群的欢迎。对网页浏览器或其他应用程序的语音控制有助于视觉障碍和因伤暂时残疾的用户。

凯茜·珀尔（Cathy Pearl）的《语音用户界面设计》（*Designing Voice User Interfaces*）一书提醒读者："不应该让人们以为它是人类；它应该以一种高效易用的方式解决用户的问题。"语音输入比打字更快，用户双手忙碌时也能使用它同时工作，并且可以远距离操作。当然，语音用户界面也存在局限性：它们可能会干扰人类对话，虽然这只是短暂的，并且比移动设备或更大屏幕上的可视用户界面提供的信息更少。视觉和语音用户界面之间存在着巨大的差异，两者在不同的情况下都有价值。

另一个需要注意的问题是，说话需要认知能力，这会剥夺用户的一些短期记忆和工作记忆，因此在执行同时进行的任务过程中会变得更加困难。这就是为什么语音用户界面没有在高工作量的情况下使用，比如战斗机飞行员，如果他们能用手控制飞机，就可以更有效地规划攻击场景。

尽管基于语音的虚拟助手取得了成功，但会说话的娃娃未能吸引消费者。对会说话的娃娃的研发早期的努力始于 19 世纪 80 年代的托马斯·爱迪生（Thomas Edison），并且会说话的娃娃经常作为玩具重新流行起来，包括美泰公司（Mattel）在 1992 年开发的会说话的芭比娃娃（Mattel Barbie），以及 2015 年的版本。美泰公司没有进一步开发会说话的芭比娃娃的计划。

文本式聊天机器人的用户界面开发是研究人员和企业家遵循的另一条路径，尤其是以移动应用程序和网站上的客户服务代理的形式。虽然文本聊天机器人并不遵循社交机器人的严格定义，因为它们通常只是文本且没有面孔，但设计师给它们融入了礼貌、幽默、乐于助人和为失败道歉的社会习俗。微软的聊天机器人 Tay 在一天内就被关闭了，因为它的算法开始发出攻击性的言论，但它的继任者 Zo 在 2019 年被关闭之前维持了两年多。中国的"小冰"取得了更大的成功，它采用了同样的微软技术，但现在已经为一家中国公司所有。"小冰"拥有数亿用户。"小冰"被赋予了一个开朗的少女的性格，她会读新闻、唱歌、创作艺术。

Replika 是一个"关心……的人工智能伙伴，它总是在这里倾听和交谈"，它有一个类似人类的脸，用户可以对其进行配置。随着时间的推移，它理解了你的个性，从而成为一个富有同情心的交谈朋友（图 16.10），它延续了约瑟夫·魏森鲍姆（Joseph Weizenbaum）在 20 世纪 60 年代的研究。这个设计是为了帮助那些遭受创伤的人，就像创始人尤金妮亚·库伊达（Eugenia Kuyda）所做的那样，所以除了聊天窗口，它还提供自杀热线的链接。

Woebot 是另一个与人类精神健康有关的聊天机器人项目："我们正在打造一个可以为所有人带来高质量的心理健康护理的产品。"它在与用户采用文本交谈时采用了认知行为疗法，以解决抑郁症或焦虑症患者的精神问题。美国国家药物滥用研究所支持了它的开发流程，研究表明，数以百计的用户在使用该产品二到四周后心理状况好转，但是该产品与其他治疗手段之

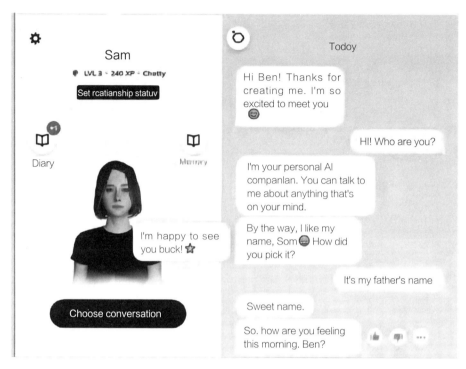

图 16.10　具有聊天会话功能的聊天机器人 Replika

间还需要更加严格的研究比对。

　　聊天机器人的开发人员的共同愿望是让客户能够支持回答有关产品和服务的问题，如晚餐预订、银行规则、旅游或电子商务。早期的版本虽存在缺陷，但持续的努力表明，聊天机器人的文本使用界面将会出现一些长期存在的角色，即使这些角色仅用来识别用户需求，并引导用户找到正确的人类客服代表。聊天机器人头像的存在或缺失也会对短期的接受程度造成影响，但是否能够长期使用还值得进一步研究。与语音用户界面一样，类似人类的个性特征在一定程度上受到了赞赏，这似乎与接受度好坏参半的具身社交机器人不同。然而，即使是用吸引人的隐喻定义的客服聊天机器人，也必须像语音控制的虚拟助手一样，提供真正的价值。与回答问题、播放歌曲或寻找网站相比，参与对话更具挑战性。

社交机器人的未来

社交机器人在商业上的碰壁并没有阻止许多研究人员和企业家的步伐，他们仍然相信它们最终会成功。学术研究报告呈现出一种混合性的观点，开发人员的研究显示用户对社交机器人是满意的，有时甚至是非常愉悦的；而其他研究则显示用户更倾向于类似工具的设计，这些设计坚持让用户控制可理解、可预测和可控的界面的原则。一项针对1489名参与者的学术调查研究了人们对自主机器人和人工智能的恐惧，这种被称为"机器人恐惧症"的恐惧对20.1%的参与者来说是次要问题，对18.5%的参与者来说是严重问题。对机器人的担忧已经超过了"恐怖谷理论"，接近人类的设计受到了不信任。

斯坦福大学心理学家克利福德·纳斯和他的学生，重点对人类与社交机器人互动的意愿进行了数十项研究，他们发现，人们能够快速响应社交机器人，接受它们作为互动中的有效伙伴。然而，核心问题仍然存在：人们是否会更有效地工作，并更喜欢超级工具或有源设备的设计？因此，通过可理解的用户界面进行人工控制就是一个非常关键的概念，它由银行机器、大多数移动设备、家用电器、办公技术和电子商务网站的开发人员提出。如前所述，苹果公司的《人机界面设计指南》提倡用户控制和灵活性。事实上，许多用户将有源设备视为社交机器人，这对我来说并不奇怪——我就是这么做的。然而，让我感到惊讶和不安的是，如此多的研究人员和设计师发现，打开从社交机器人到有源设备的想象力极其困难。

历史的教训是显而易见的。早期的拟人化设计和社交机器人，已经被客户可控制的功能性银行机器所替代，该银行机器不存在类人的银行柜员机或屏幕显示人类出纳员的欺骗。这种欺骗行为导致银行客户怀疑银行是否还存在其他方面的欺骗，从而破坏了商业交易所需的信任。客户想要的

是快速、可靠地完成存款或取款。客户想要的是带有控制面板的有源设备，使他们能够可靠地、可预测地得到他们想要的东西。就连加州大学伯克利分校的斯图尔特·罗素等领先的人工智能研究人员也明确表示："没有充分的理由让机器人拥有类人形态……它们代表着一种不诚实形态。"

这些历史先例可以为追求创新目标的当代设计师提供有用的指导，因为许多人仍然相信，基于科学目标的改进型社交机器人终会成功。老年人护理就是一个常见的应用领域，在家独立生活的用户需要一个类似人类的社交机器人，能够使用为人类设计的厨房工具、走廊和楼梯，执行诸如送药或送茶等任务。社交机器人的另一个应用领域是灾难救援，但在该领域，向远程机器人的转变已经带来了显著的成功。来自得州农工大学的罗宾·墨菲是研发、测试和部署救援机器人的领导者，他主张，灵活的机器人可以进入建筑物下或穿过通风管道，遥控无人机可以飞到危险的地方，为人类决策者提供视频信息。

在科学目标的启发下，社交机器人倡导者仍然认为社交机器人是必需的，尤其是当它们被要求在为人类活动而建造的环境中工作时。然而，我相信，如果这些设计师的想象力更加开放，他们就会看到新的可能性，比如在餐桌上、餐桌下或餐桌附近内置一个小洗碗机，以帮助那些身体残障的人。如果设计师仍然想尝试社交机器人，他们最好了解过去已经做了什么，这样他们就可以在成功案例的基础上继续前进。

一个很有意义的设想是，如果回到 1880 年，一些设计师可能会提出这样的洗衣服机器人：拿起一块肥皂和一块搓衣板，一次擦洗一件衣服，在水槽中冲洗，然后把衣服挂在晾衣绳上晾干。现代的洗衣机和烘干机已经远远超出了社交机器人的范围，设计师成功地制造出了能大约一个小时内洗掉一周的衣服并烘干的有源设备。同样，亚马逊订单履行中心有许多用于搬运产品和包装箱子的机器人，但它们都不像人类。

　　组合设计策略包括使用基于语音的虚拟助手，这已经被证明在有源设备和医疗设备设计中是成功的。如果对话能够保证低错误率，基于文本的客户服务聊天机器人可能会有所成功。通过长期研究，人们可以进一步改进类似宠物的治疗应用设备和类似人类的运动设备，以了解随着时间的推移，哪些解决方案仍然具有吸引力和有用性。

第 17 章

总结及怀疑者的困境

> 我们的语言中最具破坏性的一句话是:"我们一直都是这样
> 做的。"
>
> 美国海军格蕾丝·霍珀(Grace Hopper)

简化人工智能研究目标的研究只集中在两个方面。第一个方面是基于人工智能的科学目标,即通过设计、构建和测试基于人类智能的系统来研究智能计算代理。通常,科学目标是了解人类的感知、认知和运动技能,从而制造出与人类表现相当或超过人类表现的计算机。第二个方面是创新目标,旨在以人工智能工程为基础,进行 HCAI 研究,开发成功和广泛使用的商业产品和服务。两者都做出了有价值的贡献,研究人员应该追求更多的社会效益。这些贡献可以通过设计思维来加强,以提高用户体验、控制面板以及信息丰富的视觉显示设计的突出性。

开发人员经常讨论如下四对设计隐喻:

①智能代理和超级工具;

②队友和远程机器人;

③确定的自主性和控制中心;

④社交机器人和有源设备。

成功的设计似乎来自一种组合策略：将执行机器能产生可靠结果的任务自动化，同时留给用户重要的创造性或安全性选择。数码相机就是一个很好的例子，它使用自动化的方法来选择光圈、快门速度和防抖，同时允许用户对照片进行构图，设置缩放，并在他们对图像预览感到满意时点击拍摄。

社交机器人仍然是一个受欢迎的目标，但它们在商业上的成功远不如有源设备或远程机器人。科学目标激励了许多社交机器人研究人员，并引发了广泛的公众兴趣。

强大的人工智能方法包括深度学习、推荐系统、语音识别、图像理解和自然语言处理。成功的产品通常依赖于将这些人工智能方法与用户体验设计方法相结合，包括收集用户需求、迭代设计、用户体验测试和指南合规性。还有一些原则也能产生成功的结果，例如支持人类的自我效能、鼓励人类的创造力、明确责任和促进社会联系。

虽然批评者告诉我，将科学目标和创新目标分开考虑的思路远非完美，但这种简单的二分法有助于设计师理清不同的思维方式，进而能够考虑这两个分支。任何一个分支的狂热爱好者可能都不愿意考虑组合设计。然而，对比鲜明的观点往往暗示了新的可能性，并阐明设计思维。对于那些看到这两个目标以外的其他目标的人，请遵循它们，因为多样性可以带来新的思考。

许多研究人员和企业家相信，社交机器人将成为我们未来的队友、合作伙伴和合作者。我希望他们考虑本章中的替代方案。那些认为社交机器人是一种必然的人，将从研究历史和失败原因中受益，以找到成功的例子，比如语音用户界面、医疗人体模型和碰撞测试假人。也许致力于社交机器人的大型群体会在设计超级工具、远程机器人、控制中心和有源设备中得到满足，这些设备给用户提供了清晰的理解、可预测的行为，以及一些用于满足已识别的人类需求的控制。

第四部分

管理架构

在热门新闻网站和社交媒体交流平台上，虚假信息和令人发指的阴谋论被病毒式传播，极大程度地放大了人们对实施广泛使用的人工智能系统的道德问题的争议。构建人道的、负责的、有益的系统不仅仅是一项技术任务，就像编写一个更好的计算机程序一样，它需要管理架构来缩小以人为中心的人工智能的道德原则和实际步骤之间的差距。HCAI 系统由软件工程团队开发和实施，在组织内管理，按行业划分，并由政府监管。这四个层次的管理架构可以提供已经应用于交通、医疗和金融等重要行业技术的全面关注。

从道德层面到实施层面来讲，这意味着政策制定者需要在团队、组织、行业和政府各方采取有意义的行动。本书第四部分的建议旨在通过这一管理架构来提高 HCAI 系统的可靠性、安全性和可信度：

● 团队中的软件工程实践，例如审计跟踪以支持对故障的回溯性分析、改进软件工程工作流程从而优化 HCAI 系统、验证和确认测试以证明正确性、偏差测试来增强公正性以及可解释的用户界面。

● 业务管理策略在组织内部营造的安全文化，包括领导对安全的承诺、以安全为导向的招聘和培训、大量的故障和未遂事件报告、内部审查委员会发现的问题和未来计划、行业标准实践的一致性评估等。

● 通过特定行业的独立监督组织获得值得信赖的认证，包括对外审计的会计师事务所、对事故赔偿的保险公司、提出设计原则的非政府组织和

公民社会组织，以及制定标准、政策和新理念的专业组织和研究机构。

- 政府机构的监管，以确保公正的商业行为和公共安全。虽然大型科技公司担心政府监管会限制其创新，但设计良好的监管措施可以加速创新，如汽车安全和能耗领域，都在良好的监管措施下实现了加速提升。

第18章

如何弥合道德与实践之间的差距

> 绝大多数的人工智能……将会保留……以现行法规及监管策略为准……我们需要管理的是人类对技术的应用，我们需要监督的是人类开发、测试、操作和监控的过程。
>
> ——乔安娜·J.布赖森（Joanna J. Bryson），《牛津人工智能伦理手册》，由马库斯·D.杜伯、弗兰克·帕斯夸莱、苏尼特·达斯编辑

在医疗健康、教育、网络安全和环境保护等领域，HCAI方法的广泛应用带来了高于预期的效益。当HCAI系统按预期工作时，它可以改善医疗诊断、阻止网络犯罪、保护濒危物种。然而，HCAI系统同样会有极其严重的预期风险，例如机器人失控、少数群体受到不公正对待、侵犯隐私、对抗性攻击和对人权的挑战。HCAI设计和评估方法可以解决这些危险，实现预期的效益。

本书第三部分指出，传统的人工智能科学研究侧重于研究并模仿（有些人会使用"模拟"这一术语）人类行为，而当前的人工智能创新研究则强调实际应用。典型的人工智能科学基础技术创新包括模式识别和生成（图像、语音、表情、信号等）、类人机器人、游戏（西洋棋、国际象棋、围棋等），以及自然语言的处理、生成和翻译。

HCAI的研究建立在这些科学基础上，使系统可靠、安全、可信赖，从而放大、增强并提高人类的表现。典型的HCAI科学基础和技术应用包括图

形用户界面、网页设计、电子商务、移动设备应用程序、电子邮件、短信、视频会议、图片与视频编辑、社交媒体和电脑游戏。这些系统还支持人类的自我效能提升、鼓励创造力、明确责任并促进社会参与。HCAI 设计师、软件工程师和管理人员可以通过与不同的利益相关者接触，采用以用户为中心的参与式设计方法。此外，用户体验测试有助于确保这些系统支持人类的目标、活动和价值观。人们越来越意识到，评估人类的表现和满意度与衡量算法的性能一样重要，这是向新思维转变的标志。

HCAI 的多种定义来自一些著名机构，如斯坦福大学，旨在寻求通过理解"人类的语言、情感、意图和行为来服务于人类的集体需求"。虽然人们普遍认为，使用机器学习和深度学习的数据驱动算法会带来好处，但这也让我们更难知道故障点可能的位置。可解释的用户界面和可理解的控制面板有助于实现 HCAI 对医疗、商业和教育领域的帮助。

HCAI 代表一种新的跨领域交叉研究方法，这一观点传达了态度和实践变化的重要性。过去，研究人员和开发人员专注于构建人工智能算法和系统，通过设计良好的用户界面，强调机器的自主性而不是人工控制。相比之下，HCAI 则把人的自主性置于设计思维的中心，强调用户体验设计。HCAI 系统的研究人员和开发人员应当专注于衡量人类的表现和满意度，重视客户和消费者的需求，并确保有意义的人工控制。现有业务的领导者正在迅速适应并集成 HCAI 系统。

这种新的跨领域交叉研究方法可能需要几十年的时间才能被广泛接受，因为它代表着一种以机器为中心的观念的根本转变。本书第四部分的 15 条实用建议旨在鼓励讨论和行动，以加速这一转变。然而，至少有两个 HCAI 系统复杂性的原因使得难以实施所有这些建议。首先，对于单个组件，可以通过熟悉的软件工程实践进行严格的测试、审查和监控，但复杂的 HCAI 系统，如自动驾驶汽车、社交媒体平台和电子医疗系统，则难以被评估。在工程实践得到完善之前，独立监督和审查故障、未遂事件的社会机制是必要的。其次，HCAI 系统是由许多产品和服务交织在一起的，包括芯片、软件开发工具、海量的训练数据、庞大的代码库和用于验证与确认的大量测试用例，其中每一项都可能发生变化，甚至每天都在发生变化。这些困难给软件工程师、管理人员、审查人员和政策制定者带来了巨大的挑战，因此这些建议旨在启动急需的讨论、试点测试和可扩展的研究，从而带来建设性的优化。

来自公司、专业协会、政府、消费者团体和非政府组织的 500 多份报告描述了理想的 HCAI 原则。伯克曼·克莱因中心 2020 年的一份报告讨论了政策活动的高涨，随后对 36 份领先的、全面的报告进行了深度总结。作者确定了 8 个 HCAI 主题，以进行更深入的评论和详细的原则制定：隐私、责任、安全和保障、透明度和可解释性、公正和非歧视性、技术的人工控制、职业责任和人类价值的提升。

其他报告强调道德原则，如电气与电子工程师协会（IEEE）提出的"符合道德标准的设计"，该原则由 20 多人经过 3 年的努力才得以提出且影响深远。该报告明确阐述了 8 项一般原则：人权、福祉、数据代理、有效性、透明度、问责性、滥用意识和能力。该报告还大力鼓励先进系统"应被创建和运行，以尊重、促进和保护国际公认的人权"。图 18.1 显示了两个报告中高度匹配和大致相似的原则。

上述原则和其他道德原则是清晰思考的重要基础，但正如布里斯托大学的艾伦·温菲尔德（Alan Winfield）和牛津大学的玛丽娜·吉洛特克（Marina Jirotka）所说："原则和实践之间的差距是一个重要主题。"HCAI 系统的四层管理架构可以帮助弥合这一差距：①基于成熟的软件工程实践的可靠系统；②通过业务管理策略营造的安全文化；③通过独立监督获得可信赖的认证；④政府机构的监管（图 18.2）。图 18.2 最内部的椭圆包含了许多软件工程团队，主要目的是组织推进应用与每个项目相关技术的实践；

以人为中心的人工智能原则

	伯克曼·克莱因中心报告	IEEE "符合道德规范的设计"
高度匹配	问责性 透明度和可解释性 人类价值的提升 安全和保障	问责性 透明度 人权 福祉
相似	技术的人工控制 公正和非歧视性 职业责任 隐私	有效性 滥用意识 能力 数据代理

图 18.1　伯克曼·克莱因中心报告和 IEEE "符合道德规范的设计"

这些团队是一个更大组织（第二个椭圆）的一部分，安全文化管理策略会影响每个项目团队；在第三个椭圆中，独立的监督委员会审查同一行业的许多组织，让他们有更深入的了解，同时传播成功的实践。

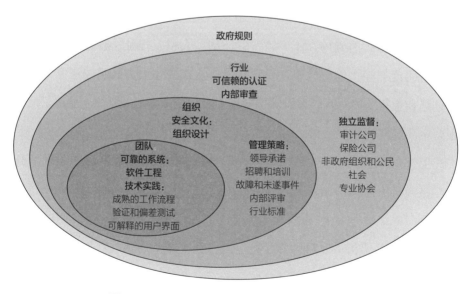

图 18.2　以人为中心的人工智能的管理架构

最大的椭圆是政府监管，它提供了另一层思考，引起了公众对可靠、安全、可信赖的 HCAI 系统的关注。政府监管存在争议，但需要说明的是美国国家运输安全委员会对飞机、火车、轮船和高速公路事故调查等成功案例，通常被视为促进公共利益的行为。欧洲的政府法规（如《通用数据保护条例》）同样引发了可解释的人工智能这一领域的卓越研究和创新。类似地，美国对汽车安全和燃油效率的监管也刺激了设计研究的改进。

对于参与技术开发的每个人来说，无论是由人工智能还是其他方法驱动，可靠性、安全性和可信赖性都是至关重要的概念。这些以及其他概念，包括隐私、安全、环境保护、社会正义和人权，在软件工程、企业管理、独立监督和政府监管等各个层面都受到强烈关注。

虽然企业经常对客户和员工福利承诺做出积极的公开声明，但当企业领导者不得不在权力和金钱之间做出艰难决定时，他们可能会倾向于支持企业利益和满足股东的期望。当前的人权运动和企业社会责任有助于他们获得公众支持，但对大多数管理者来说，这些都不是优先事项。软件工程师、管理人员、外部审核员和政府机构所需要的流程，在清晰的原则和公开的公司计划报告的指导下，将产生更大的影响，尤其是在由内部和外部审查委员会审查时。这在新兴技术领域尤其如此，例如 HCAI，在这些技术中，企业管理者可能会迫于公众压力，承认他们的社会责任，并公开报告进展情况。

同样，大多数政府决策者需要更多地了解 HCAI 技术的工作原理以及商业决策是如何影响公共利益的。国会或议会对管理行业惯例进行了立法，政府机构的工作人员必须就如何执行法律做出艰难的决定。专业协会和非政府组织正在努力向政府官员通报这些情况。

本书第四部分中提出的管理架构是基于现有实践的实际步骤，必须再对其进行调整以适应新的 HCAI 技术。管理架构旨在明确谁该采取行动，谁来负责。为了增加成功的机会，这些建议将需要与预算和时间表一起付诸实施。每项建议都需要进行试点测试和研究，以验证其有效性。这些管理架构只是起点，随着技术的进步、市场力量和公众舆论对成功的产品和服务的重塑，人们将需要新的方法。例如，在 2020 年，公众舆论极大地改变了面部识别技术的业务实践，当时包括国际商业机器公司、亚马逊和微软在内的主要开发人员，由于面临潜在的误用和滥用的压力，他们放弃向公安部门出售这些系统。

接下来的四个章节涵盖了管理的四个层次。第 19 章将描述软件工程团队实现可靠的 HCAI 系统的五个技术实践：审计跟踪、工作流程、验证和确认测试、偏差测试和可解释的用户界面。

第 20 章将提出管理软件工程项目的组织如何通过领导承诺、招聘和培训、报告故障和未遂事件、内部审查和行业标准来发展安全文化。

第 21 章将说明外部审查组织的独立监督方法如何促进产品和服务的可信认证和独立审计。这些独立的监督方法构建了一个可信赖的基础设施来调查故障，持续改进系统并获得公众的信任。独立监督的机构包括审计公司、保险公司、非政府组织和公民社会以及专业组织。

第 22 章将展开与政府干预和监管相关的更广泛且有争议的讨论。

第 23 章将总结并提出担心，但也会提出一个乐观的观点，即设计良好的 HCAI 系统将为个人、组织和社会带来益处。

对于那些长期将算法视为主导目标的人来说，让他们接受以人为中心的思想将是困难的。他们会质疑这种新方法的有效性，但以人为中心的思想和实践让人工智能算法和系统仍然能够用于商业上成功的产品和服务。HCAI 提供了一个充满希望的未来技术愿景，支持人类的自我效能、创造力、责任感以及人与人之间的社交关系。

第19章

基于成熟的软件工程实践的可靠系统

可靠的 HCAI 系统是由应用可靠技术实践的软件工程团队开发的。这些技术实践阐明了人类的责任，例如，审计跟踪准确地记录了谁在何时做了什么，以及进行设计、编码、测试和修订的历史记录。其他技术实践是针对任务和应用领域调整并改进的软件工程工作流程。当原型系统已完备时，工程师就可以开始对程序进行验证和确认测试，并对训练数据进行偏差测试。软件工程在实践中还包括用户体验设计过程，该过程用于实现 HCAI 系统的可解释用户界面（图 18.2）。

审计跟踪和分析工具

飞行数据记录仪非常成功地保证了民用航空系统的安全，给所有具有重要或生命攸关影响的产品或服务的设计提供了明确的指导方向。飞行数据记录仪和驾驶舱语音记录仪的历史数据证明，使用这些工具能够了解航空事故，这对民航安全做出了巨大贡献。除了事故调查之外，飞行数据记录仪还可以显示飞行员和系统在避免事故方面采取了哪些正确措施，为改进培训和设备设计提供了宝贵的经验教训。飞行数据记录仪数据在其他方面的用途是检测设备随时间发生的变化，以安排预防性维护。

飞行数据记录仪为审计跟踪（也称为产品日志）的设计人员提供了重

要的经验，以记录机器人的操作。这些航空飞行数据记录仪的机器人版本被称为黑匣子，但设计师的一贯意图是收集相关证据，以便对故障进行回溯性分析。此类回溯性分析通常用于分配决策中的法律责任，并为这些系统的持续改进提供指导。此外，该分析还可以明确责任，免除那些表现良好的人的责任，例如被不公正指控的护士要为使用静脉注射吗啡装置负责是不公平的。

一些研究机构对高度自动化的汽车（也称为自动驾驶或无人驾驶）也提出了类似的建议。这些建议扩展了当前电子记录设备的功能，并安装在汽车上以支持更好的维护。车辆记录设备的其他用途是改善司机的操作、监测对环境有益的驾驶模式、评估卡车司机是否遵守工作和交通规则。在某些情况下，这些日志将为分析事故原因提供有价值的数据，但关于谁拥有这些数据以及制造商、运营商、保险公司、记者和警察以何种权利获得这些数据的争议仍在继续。

工业机器人是审计跟踪的另一个应用领域，可以在制造领域提高安全性并减少死亡。自 1986 年以来，机器人工业协会（现更名为先进自动化协会）等行业组织一直在推广自愿安全标准和某些形式的审计。

股票市场交易算法的审计跟踪现在被广泛用于记录交易，以便管理人员、客户和美国证券交易委员会可以研究错误、检测欺诈或从系统崩溃事件中恢复。医疗健康、网络安全和环境监测等其他领域的审计跟踪也是很好的案例，开发人员能够据此调整并改进审计跟踪以满足 HCAI 应用程序的需求。

但仍然存在一些具有挑战性的研究问题，例如，有效的回溯性取证分析需要哪些数据，以及如何有效地捕获和存储大量的视频、声音、光探测和测距数据，并通过适当的加密来防止伪造。

上述数据中还应该包括事件发生时所使用的机器学习算法、代码版本和相关训练数据。如何对这些日志中的大量数据进行分析仍然是待研究的问题。隐私和安全问题使设计复杂化，比如谁拥有数据，以及制造商、运营商、保险公司、记者和警察以何种权利访问或发布这些数据集等法律问题。调查人员能够通过有效的用户界面、可视化、统计方法和辅助人工智能系统探索审计跟踪，以了解大量数据背后的含义。

审计追踪的重要扩展是事件数据库，该数据库通过捕获航空、医药、运输和网络安全等领域公开报告的事件记录而形成。人工智能合作伙伴已经启动了一个人工智能事件数据库，其中包含一千多份报告（请参阅第 20 章"故障和未遂事件的广泛报告"部分）。

软件工程工作流程

随着人工智能技术和机器学习算法被集成到 HCAI 应用中，软件工程的工作流程正在更新。所面临的新挑战包括，用于验证和确认算法和数据的新型基准测试（请参阅本章的"验证和确认测试"部分），通过改进偏差测试以增强算法和数据的公正性（请参阅本章的"偏差测试以增强公正性"部分）和敏捷编程团队的方法。所有这些实践都必须针对不同的使用领域进行调整，如医疗健康、教育、环境保护和国防。为了满足用户和法律要求，软件工程工作流程必须支持可解释的用户界面（参见本章的"可解释的用户界面"部分）。

由张洁曼（Jie M. Zhang，音译）、马克·哈尔曼（Mark Harman）、马磊（Lei Ma，音译）和李阳（Yang Li，音译）组成的国际团队描述了机器学习的五种问题类型，它们需要不同于传统编程项目的软件工程工作流程：

①分类：为每个数据实例分配一个类别，例如图像分类，手写识别。
②回归：为每个数据实例预测一个值，例如温度、年龄、收入预测。

③聚类：将实例划分为均质区域，例如模式识别、市场图像分割。

④降维：降低训练复杂度，例如数据集表示、数据预处理。

⑤控制：控制行动，使奖励最大化，例如玩游戏。

所有这些任务的工作流程都需要用户需求收集、数据收集、清洗和标记，并使用可视化和数据分析来理解异常分布、集群和缺少数据。模型训练和评估应成为一个多步骤的过程，从早期的内部测试开始，一直到部署和维护。工程师需要对部署的系统进行持续监控，以响应不断变化的使用环境和新的训练数据。

HCAI 系统的软件工程工作流程对人工智能设计方法进行扩展，将用户体验设计囊括其中，以确保用户了解决策是如何做出的，并在对决策有质疑时可以寻求帮助。领先的企业和研究人员正在优化传统的用户体验测试和指导开发人机交互方法，以满足 HCAI 的需求。

来自弗吉尼亚联邦大学的团队提出了一种以人为中心的人工智能系统生命周期，旨在通过强调公正、交互式可视化用户界面以及谨慎的数据管理来保护隐私，从而提供可信赖的人工智能服务。他们提出的关于衡量可信度定量和定性评估的难题，我们将在第 25 章中再次讨论。

软件工程的工作流程是从瀑布模型移植过来的，瀑布模型假设存在一个有序的线性生命周期，从需求收集开始，然后到设计、实现、测试、文档编制和部署。在需求被很好地理解时，瀑布模型可能是合适的，且易于管理，但是当交付的软件系统被用户拒收时，可能会导致大量的错误。拒收的原因可能是一年前项目开始时收集的需求不够或者是开发人员未能与用户一起测试原型。

新的工作流程基于精益模型和敏捷模型，并带有敏捷开发等变体，团队会在整个生命周期中与客户合作，了解用户需求（即使发生变化），迭代地构建和测试原型，然后随着发展而放弃早期的想法，并随时准备尝试新事物。敏捷团队的工作需要一到两周的冲刺时间，即需要进行重大变更的紧张时期。敏捷模型建立在持续的反馈中，以确保系统朝着有效的方向发展，从而避免出现大的意外。

敏捷模型要求开发人员之间进行强有力的协作，以分享彼此的工作知识，这样他们就可以讨论可能的解决方案并在需要时互相帮助。瀑布模型的项目是在一年的工作后交付一个完整的系统，而敏捷项目能够在一个月内产生一个原型。国际商业机器公司鼓励人工智能项目采用敏捷方法，因为与传统项目相比，开发人员必须保持开放的心态，并更多地探索替代方案。

《敏捷软件开发宣言》于 2001 年由自称敏捷联盟的 17 人组成的小组首次提出，它基于 12 项原则。为了保持一致性，我改了一下措辞：

①通过早期和持续交付有价值的软件来满足客户。

②欢迎不断变化的需求，即使是在后期开发。

③频繁交付工作软件，以周为单位，而不是以月为单位。

④与客户及其管理者密切合作。

⑤围绕积极主动、可信任的个人来塑造项目。

⑥确保开发人员和客户之间定期进行面对面的对话。

⑦使工作软件成为进度的主要度量标准。

⑧在项目期间以持续的速度工作。

⑨持续关注技术和设计的卓越性。

⑩保持项目简单——采用极简设计——编写更少的代码。

⑪使自组织的团队能够追求架构、需求和设计的质量。

⑫定期反思如何变得更有效率，然后行动。

敏捷原则建议采用以人为中心的方法与客户进行定期联系，但较少关注用户体验和测试等问题。敏捷联盟的网站承认"可用性测试并不是严格意义上的敏捷实践"，但它继续强调了其作为用户体验设计一部分的重要性。

基于这些敏捷原则，国际商业机器公司推荐使用与数据集相关的敏捷方法来探索数据集，并尽早运行概念验证测试，以确保数据集能够交付预期结果。在必要的情况下，开发人员必须清理错误数据，删除低相关性的数据，并扩展数据以满足准确性和公正性的要求。此外，开发人员还可以通过可用性测试和用户体验设计方法来改进系统。

微软针对 HCAI 系统提出了一个九阶段的软件工程工作流程，这一流程看似更接近线性瀑布模型而非敏捷方法（图 19.1），但其描述表明团队在执行过程中更加敏捷。微软在整个工作流程中都很注重与客户保持联系。在对微软的 14 名开发人员和管理人员的采访中发现，他们强调数据收集、清洗和标记，其次是模型训练、评估和部署。该采访报告做出了重要的区分："软件工程主要是关于构成软件的代码，机器学习则是关于驱动学习模型的数据。"

图 19.1　微软机器学习项目的九阶段软件工程工作流程

资料来源：阿梅尔希（Amershi）等人 . 2019a。

HCAI 系统开发人员可以使用瀑布模型，但敏捷方法更常用来在早期接触客户和用户。由于采用瀑布模型或敏捷方法，HCAI 项目不同于传统的编程项目，因为机器学习训练数据集发挥了更强的作用。传统的软件测试方法，例如代码的静态分析，需要使用多个数据集的动态测试作为补充，以检查不同使用环境中的可靠性，并通过用户体验测试来检验用户是否能够成功完成任务。

HCAI 系统的用户体验测试还必须解决认知问题，即机器学习系统如何引导用户充分理解其过程，这样用户就知道是否要对结果提出质疑。这一点对于推荐系统来说非常重要，但诸如抵押贷款或假释等重要决定必须是用户可以理解的。理解能力对于接受和有效使用于医疗、运输和军事等领域中生命攸关的系统至关重要。

下一节将介绍确保正确操作的验证和确认测试，之后的一节将介绍提高公正性的偏差测试。最后一点是，IICAI 系统的开发人员将受益于第 20 章中讨论的指南文件，这些指南描述了各种机器学习应用程序的原理和示例。

验证和确认测试

对于嵌入在 HCAI 系统中的人工智能和机器学习算法，需要新的算法验证和确认过程以及典型用户的使用体验测试，旨在增加 HCAI 系统实现用户期望的可能性，同时降低出现意外和有害结果的可能性。例如，民航为新设计的 HCAI 认证、使用过程中仔细的验证和确认测试、飞行员的认证测试提供了良好的模型。

美国国家人工智能安全委员会强调，"人工智能的应用需要结合用户反馈进行迭代测试、评估、验证和确认"。张洁曼及其合著者对这种广泛的鼓励进行了改进，并对三种机器学习形式的测试做出了重要区分：

监督学习：一种以标记的训练数据为学习目标的机器学习类型……无监督学习：一种从无标记的训练数据中学习的机器学习方法，其依赖对数据本身的理解。强化学习：一种机器学习类型，其数据以行动、观察和奖励序列的形式存在。

在每种形式下，机器学习都高度依赖于训练数据，因此需要收集不同的数据集，以提高准确性并减少偏差。例如，每家医院将服务于不同的社区，这些社区因居民年龄、收入、常见疾病和种族构成有所不同，因此检测癌症生长的训练数据需要来自本社区。

在基于人工智能的肺部 X 光检查系统的确认过程中，不同医院的结果差异很大，这很大程度上取决于该医院所使用的 X 光机，但也可能是因为患者特征和机器位置不同。因此，针对这些可能定期更新甚至持续更新的数据集，编写文档记录至关重要，但它带来的巨大挑战远远超出了编程代码存储库目前所能完成的工作。这些存储库，例如广泛使用的 GitHub，可以跟踪编程语句中的每一个变更。数据保护这一概念具有前景，例如使用不可更改的区块链方法进行来源跟踪，以及检查数据在面对变化时是否仍然具有代表性。最后，明确由谁来负责数据集管理，并让其参与处理异常情况和新的使用环境。

至少有五种流行的测试技术可以应用于 HCAI 系统。

基于传统案例。 开发团队收集一组输入值和预期输出值，然后验证系统是否能够产生预期的结果。构建输入记录（例如抵押贷款申请）需要时间，以获得预期结果（接受或拒绝），系统当然应该产生预期的结果。动物图像的分类或语句翻译的测试用例很容易理解，因为成功和失败的结果都很清楚。收集足够多的测试用例集可以让设计人员考虑极端情况和可能的故障，这本身就可以使他们发现需要改进的地方。可考虑的常见的方法是，让多个团队，包括开发人员和非开发人员，一同构建带有预期结果的测试用例。

在已建立的领域中，有测试用例的数据集可用于与其他系统的性能进行比较。例如，ImageNet 有 1400 万张已标注预期结果的图片。由美国国防部高等研究计划署和美国国家标准和技术局共同主办的文本信息检索会议已经举办了近 30 年的年度研讨会，其中包含大量已标注预期结果的测试数据集。

验证的一个关键环节是开发测试用例来检测对抗性攻击，这将防止犯罪分子、极端组织和恐怖分子的恶意使用。而且，随着新需求的添加或使用环境的变化，必须增加新的测试用例。

差异测试。此策略通常用于验证更新后的系统是否能产生与早期版本相同的结果。分别在早期系统和更新后的系统上运行测试数据集，然后产生可自动比较的结果，以确认系统是否仍像之前一样工作。差异测试的优点是测试团队无须创建预期的结果，但其至少含有如下两个缺点：①早期软件的不正确性能将被继承到更新后的软件中，导致两者将得到相同的不正确结果；②新功能无法与以前的测试结果进行比较。差异测试的另一个用途是，比较可能由其他团队或组织开发的两个不同系统，就其结果的差异展开进一步的研究，以查看哪个系统需要修复。对于机器学习而言，差异测试被广泛用于比较两种不同的训练数据集的性能。

变形测试。这种巧妙的方法建立在与结果集之间变形关系的概念之上。举一个简单的例子，在一种无向网络中寻找路径的算法中，从 a 到 b 的最短路径应该与从 b 到 a 的最短路径相同。同样，拒绝抵押申请的金额绝不应低于申请人之前获得批准的金额。对于电子商务推荐者来说，将产品的最高价格从 100 美元更改为 60 美元，应该会产生一个产品子集。与差异测试一样，测试团队不需要创建预期的结果，因为它们是由软件生成的。测试团队可以通过添加或删除不应更改的结果记录，对训练数据集应用变形测试。

用户体验。对于涉及用户的 HCAI 应用，如抵押、假释、求职面试等，需要进行用户测试，以验证用户能够处理系统并得到实质意义的解释。用户测试是通过向 5 到 25 个用户分配标准任务来进行的，通常持续 30 到 120分钟，要求他们在完成任务时边想边说，解释他们看到、思考和做的事情。

测试团队记录用户评论和表现并生成有关常见问题的报告，并包括建议的改进方案。用户测试是在系统开发中用于检测用户报告的问题的一种实用方法，该方法不同于对照实验，后者通过测试替代假设来证明两种或两种以上设计之间的统计学显著差异。

红队。除了由开发团队进行测试之外，一种日益流行的技术是让外部人员组成的红队对 HCAI 系统进行攻击。红队的概念来自军事演习，随着网络安全领域的迅速发展，这一概念被用于航空安全测试，例如，让政府特工测试机场安检系统，并使用不同的策略让致命武器通过安检系统的检查进入飞机。对 HCAI 系统进行红队测试会发现软件和策略中的弱点，以及通过添加误导性记录来干扰训练数据。面部识别系统很容易被穿着异常 T 恤的人破坏，自动驾驶汽车算法也会被禁行标志或高速公路上的盐晶体线误导。随着时间的推移，红队成员将在探索系统、形成攻击者心态并与他人分享策略时提升自己的技能。

MITRE 公司维护着一个网络安全矩阵，该矩阵将攻击者的近 300 种战术分为 11 类，提醒开发人员对手可能如何攻击他们正在构建的系统。对于红队攻击 HCAI 系统和数据集的方式，类似的矩阵将有助于开发人员了解如何保护他们的系统。软件工程师可以单独对潜在的攻击进行分类，然后将他们的结果与其他团队成员的结合起来。与其他团队的比较可以让我们进一步了解潜在的攻击。MITRE 公司已经启动了类似项目，即制作这样一个人工智能的故障目录。

对于所有的测试技术都应记录测试历史，以便进行重建，并记录如何进行维护，由谁进行维护。微软数据集中的数据表就是一个用于记录机器学习数据的模板。该模板包含收集和清理数据的动机和过程、使用过数据集的人员以及数据管理员的联系方式。这一积极举措迅速推广到人类软件工程团队，并鼓励谷歌的模型卡模板用于模型报告。从数据库系统和信息可视化中获得的关于跟踪数据来源和测试历史的经验也很有用。这些文档化的策略都有助于将软件工程实践从早期研究转变为更成熟的专业实践。

对于可能会在不经意间伤害到附近工作人员的移动机器人、致命武器和医疗设备，在测试过程中需要特别注意。安全、任务完成的时间、质量和数量等度量指标将指导开发。航空、医疗器械、汽车等成熟的应用领域，有着悠久的产品认证基准测试历史，为更新的产品和服务提供了良好的典范。验证和确认 HCAI 系统的准确性、正确性、可用性和脆弱性很重要，除此之外，由于许多应用程序正在处理对人们生活有影响的敏感决策，因此需要进行偏差测试来提高公正性。

偏差测试以提高公正性

随着人工智能和机器学习算法被应用于重要应用领域，例如假释批准、抵押贷款批准和求职面试，许多批评者纷纷指出其需要解决的问题，华尔街统计学家凯茜·奥尼尔就是其中的领导者之一，她对其中的风险非常熟悉。她的著作《数学毁灭的武器：大数据如何加剧不平等并威胁民主》提出了一个问题：当算法具有如下三个属性时，它们是如何变危险的。

- 不透明性：算法复杂且隐藏在视野之外，因而难以挑战决策；
- 规模：被大型公司和政府用于主要应用；
- 危害：算法可能产生影响人们生活的不公正待遇。

越来越多的研究群体发起了一些有影响力的会议来回应这些问题，例如关于机器学习的公正性、问责性和透明度的会议，这些会议研究了性别、种族、年龄和其他潜在偏见。当影响假释的偏见将产生严重影响时，当充

满仇恨的聊天机器人从恶意社交媒体帖子中学习时，当招聘偏见被暴露时，商业实践开始转变。

学者巴蒂亚·弗里德曼（Batya Friedman）和海伦·尼森鲍姆（Helen Nissenbaum）在早期的一项研究中描述了三种偏见：①基于社会实践和态度而预先存在的偏见，例如低收入群体的抵押贷款被拒绝，使意图改善生活的居民更难买到更好的房屋；②基于硬件和软件设计限制的技术偏见，例如器官捐赠请求以字母顺序排列在滚动列表上，而不是按需要的严重程度排序；③由于使用环境的改变而产生的突现性偏见，例如，当高文化程度国家开发的教育软件在具有不同文化价值观的低文化程度国家使用时。

扎根于智利、西班牙和美国的里卡多·贝扎－耶茨（Ricardo Baeza-Yates）教授描述了其他形式的偏见，如地理、语言和文化，这些都嵌入在基于网络的算法、数据库和用户界面中。他提醒说，当流行网站变得更加流行时，"偏见会导致偏见"，这使边缘的声音更难被听到。偏见问题与电气和电子工程师协会（IEEE）的"符合道德标准的设计"报告密切相关，该报告旨在为所有人工智能项目建立强大的道德基础。来自南加州大学的团队对偏见进行了全面的审查，并将这一概念扩展到统计、用户交互、融资等20多种其他形式的偏见。他们还进一步描述了减少偏见、测试数据集和推进研究的方法。

研究员梅雷迪思·林格尔·莫里斯（Meredith Ringel Morris）对人工智能系统如何使残障用户的生活变得更加困难表示担忧，但她写道："人工智能技术消除了访问障碍，增强了用户的能力，为残障人士提供了巨大的希望。"她建议通过使用包括有身体和认知障碍的用户在内的训练数据集，改进基于语音的虚拟代理和其他 HCAI 应用程序。然而，由于人工智能系统还可以检测和捕获认知障碍或痴呆症等弱势群体，因此需要研究如何限制此类攻击。

医疗健康中的算法偏差可能会导致治疗方面的巨大差异，一项研究发现：“获得医疗服务机会的不平等意味着我们在照顾黑人患者上花的钱比照顾白人患者花的钱要少。”该报告声称，“弥合这一差距将使获得额外帮助的黑人患者比例从 17.7% 提高到 46.5%”。

长期存在的性别偏差在计算领域再次出现，该领域努力增加女性学生、教授和专业人士的数量。女性较少参与研发可能源自系统对偏见的考虑不足，这在招聘、教育、消费服务和抵押贷款申请方面都已经发生过。限制这种偏见对提高公正性至关重要。

将道德原则和偏见意识转化为行动是一项挑战。开发团队可以从训练数据集的深入测试开始，以验证数据是最新的并具有给定环境的代表性记录分布。这样就可以测试过去表现中的已知偏差，但除了检测偏差之外，还可以采用减轻偏差的标准方法，从而使未来的决策更加公正。学术研究人员提供了提高公正性的干预措施，比如避免性别、种族或年龄影响招聘决定。一些公司正在开发用于检测和减轻算法偏差的商业级工具包，比如国际商业机器公司的 Fairness 360。这些案例是一个良好的开端，但更好的方式可能是由开发团队任命一个偏差测试负责人，负责对训练数据集和程序本身进行评估。偏差测试负责人将分析当前的研究和行业实践，并回应询问和担忧。测试用例库可以验证 HCAI 系统是否有明显的偏差。持续监控使用情况并将报告返回给偏差测试负责人将有助于提高公正性。然而，由于开发团队可能不愿意承认他们的 HCAI 系统中的偏差，团队之外的人也需要监控和审查报告（参见第 20 章安全文化管理实践）。

这些建设性的步骤是一个积极的迹象，但随着面部识别等应用越来越广泛地用于治安工作和商业应用，偏差的持续存在仍然是一个问题。对性别、种族、年龄等进行简单的偏差测试有助于建立更准确的面部数据库，但在研究数据库的交叉点（如黑人女性）中，问题仍然存在。在期刊出版

物和广为人知的媒体中展示这些结果可以迫使 HCAI 系统的构建者做出改进以提高性能。

麻省理工学院的乔伊·布拉姆维尼（Joy Buolamwini）创立了算法正义联盟（参见第 21 章附录 A），她指出了微软、国际商业机器公司和亚马逊的面部识别系统中存在的性别歧视和种族歧视，她通过大胆的公开演讲、犀利的评论文章和夸张的视频，以令人信服的方式展示了这些内容。在 2020 年春季，当面部识别系统误判导致警方暴力执法事件愈演愈烈时，她与合作者提姆尼特·格布鲁（Timnit Gebru）共同努力，改进了公安部门的面部识别系统，令相关公司撤回了其面部识别产品。她们的发现在 2021 年 4 月的长篇纪录片《编码歧视》（*Coded Bias*）中得到了介绍，引起了广泛关注。

谷歌解雇了人工智能道德团队的联合负责人格布鲁，引发了一场公开的丑闻，引起了数千名谷歌员工和其他人对她的支持。格布鲁对谷歌招聘女性和少数族裔员工的立场直言不讳，她认为这与偏见有关。对机器学习训练数据进行有效的偏差测试，是改变许多国家对待少数族裔的长期系统性偏见的贡献之一。

算法中的偏差有时很明显，比如在谷歌图片搜索"职业发型"〔见图 19.2（a）〕时，显示的主要是浅肤色的女性，这与搜索"非职业发型"〔见图 19.2（b）〕时明显不同，后者显示的主要是深色皮肤的女性。这些例子表明，现有的偏见是如何传播的，除非设计师干预以减少它们。

偏见问题对许多遭受殖民压迫的群体至关重要，包括世界各地的土著。他们通常有共同的价值观，强调在当地环境中的关系，突出他们的环境、文化、亲属关系和群体。土著群体中的一些人质疑人工智能的理性方法，同时支持与所有计算技术的内在文化性质相关的经验方法："与土著相关的关系协议可以指导我们开发丰富、强大和广泛的方法，以处理我们与人工

图 19.2　谷歌图片搜索"职业发型"与"非职业发型"

（a）谷歌搜索"职业发型"，显示的大多是浅肤色的女性。
（b）谷歌搜索"非职业发型"，显示大多是深色皮肤的女性。

智能系统的关系，并为人工智能系统开发人员提供指导。"麻省理工学院的计算机科学家和媒体学者 D. 福克斯·哈勒尔（D. Fox Harrell）强调了文化影响和假设的重要性，这些通常都是隐性的。他的工作与土著作者的主张一致，即对文化背景的深入理解将减少偏见，同时实现"基于目前在计算机科学中没有特权的文化的新创新"。

可解释的用户界面

HCAI 系统的设计者已经意识到，比如拒绝抵押贷款、假释、求职面试等重要的生活决定，往往会引发受影响者的质疑。为了满足这些合理的需求，系统必须提供易于理解的解释，使人们知道他们需要改变什么，或他们是否应该对决定提出质疑。此外，根据欧盟《通用数据保护条例》对"解释权"的要求，解释已成为许多国家的法律要求。

《通用数据保护条例》这一要求本身具有争议且含糊不清，难以令大众信服，尽管如此，国际上开发可解释人工智能的研究工作仍然得以蓬勃发展。来自英国信息专员办公室和艾伦·图灵研究所的三份关于"可解释人工智能的决策"的报告是一种实用资源。这三份报告涵盖：①可解释人工智能的基础知识；②可解释人工智能的实践；③可解释人工智能对您的组织意味着什么。第一份报告认为，企业受益于让人工智能变得可解释："它可以帮助您遵守法律、与客户建立信任并改善内部管理。"该报告详细说明了解释的必要性，描述了做出决定的原因、谁对做出决定的系统负责以及做出公正决定所采取的步骤。除此之外，它还规定应该向用户提供关于如何质疑决定的信息。第二份是最长的一份报告，对不同的解释进行了广泛的讨论，但如果能展示屏幕设计样本和用户测试结果，它会激发更多的自信。

华盛顿大学的丹尼尔·S.韦尔德（Daniel S. Weld）和加甘·班萨尔（Gagan Bansal）对可解释性（也被称为可说明性或透明性）提出了一个强有力的说明，它超越了满足用户理解的愿望和提供解释的法律要求。他们认为，可解释性有助于设计师提高准确性、识别训练数据的改进、考虑不断变化的现实、支持用户的控制权并提高用户的接受度。一项对 22 名机器学习专业人员的访谈研究记录了可解释性对开发人员、测试人员、管理人员和用户的价值。另一项对 29 名专业人士的访谈研究强调了在制定解释时需要社会和组织背景。然而，可解释的方法只可能是以不同于研究的方式，缓慢地融入被广泛使用的应用程序。

随着人工智能研究界越来越多地了解几个世纪以来的相关社会科学研究，墨尔本大学的蒂姆·米勒（Tim Miller）对此进行了深刻的描述，他抱怨称："可解释人工智能的大多数工作只使用了研究人员的直觉，即什么是'良好的'解释。"米勒对社会科学方法和评估方法的广泛而深入的回顾令人大开眼界，但他承认，将其应用于解释人工智能系统"不是一个简单的步骤"。

对可解释人工智能的强烈需求催生了商业工具包，比如国际商业机器公司的 AI Explainability 360。该工具包提供了 10 种不同的解释算法，可以由程序员针对不同的应用程序和用户进行微调。国际商业机器公司的大量测试和案例研究表明，他们已经发现了有用的策略，这些策略可以满足开发人员、业务决策者、政府监管机构和用户消费者的需求。

得州农工大学的团队杜孟南（Mengnan Du，音译）、刘宁浩（Ninghao Liu，音译）和胡夏（Xia Hu，音译）对当前可解释人工智能的方法进行了综述，对本质上可解释的机器学习模型（如决策树或基于规则的模型）和更常见的事后解释方法进行了有用的区分。但是，即使是本质上可解释的模型，大多数人也很难理解，甚至对专家来说也是一个挑战。他们将这些方法与自然语言描述决策原因的常见方法进行了对比。因为这些解释是在算法决策做出之后产生的，因而被称为事后（或回溯性）解释，是为那些对结果感到惊讶并想知道某个决策做出原因的用户生成的。例如，一个珠宝电子商务网站可能会报告说："我们提出这些建议是因为您去年在情人节前订购了银项链。"事后解释是研究人员的首选方法，其是在使用深度学习神经网络和其他黑盒方法时。但是，如果允许提出后续问题并进行用户测

试，这项工作将得到改进。

俄勒冈州立大学的玛格丽特·伯奈特（Margaret Burnett）及其团队表明，为与体育相关的自然语言文本分类应用程序添加设计良好的事后解释，提高了用户的满意度和对结果的理解。其可视化用户界面设计显示，在将文档归类为曲棍球或棒球的描述时哪些术语是重要的（图 19.3）。该设计还允许用户通过从分类模型中添加或删除单词向系统提供反馈，从而改进机器学习算法。

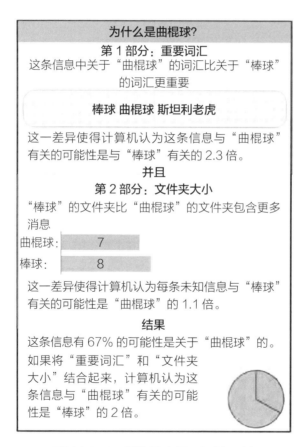

图 19.3　可视化用户界面设计示例

注：本图为文本分类应用程序用户界面的一部分，显示了为什么一个文档被分类为与曲棍球相关。

杜克大学的辛西娅·鲁丁（Cynthia Rudin）提出了一个措辞强烈的理由，即"停止解释黑盒机器学习模型"。她发现了一些巧妙的方法，使机器学习模型更易于解释，用户就能了解其工作原理。这是一种有价值的方法，追求的根本目标是防止需要事后解释的混淆。

防止解释需求

虽然事后解释可能会有所帮助，但研究人员在 30 年前曾在基于知识的专家系统、智能辅导系统和用户界面帮助系统中尝试过这种策略。然而，他们难以弄清楚困惑的用户想要什么样的解释，这催生了防止或至少减少解释需求的策略。最受欢迎的策略是提供逐步解释的过程，在做出最终决定之前解释决策过程的每个步骤。

基于知识的专家系统是通过对专家决策者的规则进行编码构建的，在这种系统中，许多项目都难以提供事后解释。一系列著名的项目开始于以医学为导向的诊断系统 MYCIN，但后来扩展到不同领域的独立系统。当时在斯坦福大学工作的威廉·克兰西（William Clancey）描述了自己通过使用图形概述的逐步过程来追求可解释性。另一个限制解释需求变化的成功示例是基于规则的业务系统。设计师从依赖事后解释转向了一种截然不同的策略：前瞻性的设计可以让用户更好地理解过程中的每个步骤，这样就可以避免错误和减少解释需求。

对于智能辅导系统来说，一个人类外观的角色来解释困难课程并回答问题的想法，为用户控制策略所替代，该策略强调用户正在学习的材料。比起在屏幕上放置头像而分散用户对文本或图表的注意力，最有效的策略是让学习者专注于课程本身。其他教训则是避免来自虚拟角色的表扬，让学习者更多地控制自己的教育进程，这样他们在学习课程时就会有更大的

成就感。这些课程成为大型开放式网络课程（MOOC）成功的关键因素，MOOC 向用户提供了测试问题掌握程度的明确反馈。

同样，在早期的用户界面帮助系统中，设计师发现事后解释和错误消息很难处理，这导致他们转向关注以下方面的替代方法：

1. 防止错误，以减少解释需求：例如，从日历中选择年、月、日，而不是按键输入 YYYYMMDD。用选择代替打字可以防止错误，从而消除了大量的错误检测和信息解释需求。

2. 采用循序渐进的过程，每个问题都会引出一组新的问题。循序渐进的过程可以引导用户逐步实现他们的目标，简化每个步骤并解释术语，同时让用户有机会返回并更改以前的决策。例如，亚马逊的四步电子商务结账流程和设计良好的报税系统 TurboTax。

探索性用户界面的前瞻性视觉设计

由于可预测性是用户界面设计的基本原则，它已被应用于许多涉及不同形式的人工智能算法的系统中。这些基于人工智能的设计会让用户在开始操作之前进行选择，比如拼写纠正器、文本信息自动补全和搜索查询完成（图 9.3 和图 9.4）。科罗拉多大学教授丹尼尔·萨菲尔（Daniel Szafir）及其合作者将同样的原理有效地应用于机器人操作。他们表明，对灵巧机械臂预期动作路径和目标的预览可以提高任务的完成度和满意度。对于机器人来说，人工控制的可预见性设计原则可能是图 9.2 中的第二种模式，先预览，再选择和启动，然后管理执行。

导航系统根据当前交通数据应用基于人工智能的算法查找路线时，遵循了可预测性原则。向用户提供了 2 至 4 个路线选择的预计时间，包括驾车、自行车、步行、公共交通等，用户可在其中选择自己想要的路

线。然后，这个超级工具会提供可视化的、文本的和语音生成的指令（图
19.4）。

图 19.4　用于驾车、公共交通、步行和自行车的导航系统

　　除了基于人工智能的文本、机器人和导航用户界面，类似的前瞻性
（或预测性）方法可以用于推荐系统，通过提供探索性用户界面，用户能够

探测不同输入的算法边界。图 19.5（a）和 19.5（b）显示了拒绝抵押贷款的事后解释，这很好但仍可以改进。图 19.5（c）展示了一个前瞻性的探索性用户界面，使用户能够研究他们的选择如何影响结果，从而减少了解释需求。

抵押贷款的解释

（a）　　　　事后报告

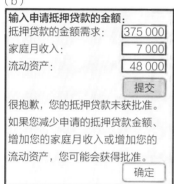

（c）　　　　　　探索性用户界面

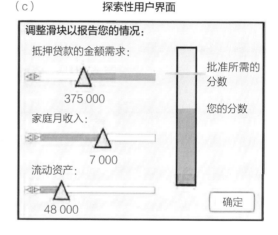

图 19.5　抵押贷款的解释

（a）是事后解释，它显示了一个带有三个填写框和提交按钮的对话框。

（b）显示点击提交按钮后的情况，用户得到的反馈信息是一段简短的文字说明，对下一步的指导不足。

（c）显示一个探索性的用户界面，使用户能够迅速尝试多种选择。它有三个滑块来显示变化对结果得分的影响。

　　一般来说，用户更喜欢具有前瞻性的探索性用户界面，他们会花费更多的时间来了解变量的灵敏性，并更深入地挖掘自己感兴趣的方面，从而获得更高的满意度并更愿意接受系统的建议。除此之外，强适应性的用户界面也能够适应不同用户的需求和个性。

对于复杂的决策，现任苹果研究员弗雷德·霍曼（Fred Hohman）表明，用户界面和数据分析可以明确机器学习训练数据集中的哪些特征是最相关的。他的方法是他在佐治亚理工学院博士研究的一部分，这一研究致力于解释用于图像理解的深度学习算法。一个由 11 名研究人员组成的谷歌团队构建了一个交互式工具，以支持临床医生理解医学图像中有关癌症的算法决策。他们与 12 名医学病理学家的研究显示，使用这种基于滑块的探索性用户界面有实质性的好处，"增加了所发现图像的诊断效用，并增加了用户对算法的信任感"。

互动式的 HCAI 方法得到了韦尔德和班萨尔的支持，他们建议设计师应该"使解释系统具有互动性，以便于用户进行深入探究，直到他们对自己的理解感到满意为止"。

当用户的输入可操作时，探索性用户界面的效果最好；也就是说，用户可以控制并更改输入。当用户无法控制输入值或来自传感器的输入（如图像和人脸识别应用程序）时，则需要其他设计。为了获得最大的好处，探索性用户界面应该支持具有视觉、听觉、运动或认知障碍用户的可使用性。

1996 年，罗格斯大学教授尼克·贝尔金（Nick Belkin）和研究生于尔根·科内曼（Juergen Koenemann）进行的一项搜索用户界面研究表明，给用户更多控制权的好处是显而易见的。他们在对 64 名参与者的研究中总结了探索性互动的成果，报告称："用户非常有效地使用了我们的系统和界面，并且很少出现可用性问题……用户显然受益于迭代过程中修改查询的机会。"

一项关于新闻推荐的研究描述了交互式可视化用户界面所带来的好处，在这项研究中，用户可以通过移动滑块来显示他们对政治、体育或娱乐新闻的兴趣。当他们移动滑块时，推荐列表调整为建议的新项目。相关研究补充了一个更重要的见解：当用户拥有更多控制权时，他们更有可能点击

推荐。也许控制权使用户更愿意遵循建议，因为他们觉得自己发现了这些建议，或者这些建议实际上更好。

除了可解释的模型、事后解释和前瞻性解释之间本质上的区别之外，杜孟南、刘宁浩和胡夏跟随其他研究人员，区分了算法工作概述的全局解释与处理具体结果的局部解释（比如囚犯被拒绝假释或患者接受某种治疗建议）的原因。局部解释支持用户的理解和未来的行动，比如囚犯被告知在四个月的良好表现后可以被假释；或者患者被告知，如果他们减掉 10 千克，就有资格接受非手术治疗。这些解释都是可行的，都是可以实现的改变，而不是被告知如果你更年轻，结果会有所不同。

美国白宫的备忘录中有一份关于谁会重视可解释系统的重要声明。该声明提醒开发人员"透明度和公开信息可以增加公众对人工智能应用程序的信任和信心"，并强调良好的解释将让"非专业人士了解人工智能应用程序的工作原理，技术专家了解人工智能做出给定决策的过程"。

可视化用户界面能够显著增加用户在推荐系统中的控制权，并提供了更透明的方法，尤其是在医疗或职业选择方面。我们的研究团队由马里兰大学的博士生杜帆（Fan Du，音译）领导，并开发了一个可视化的用户界面，让癌症患者在找到其他"像我一样的患者"的基础上来决定治疗方案。

该研究的目的是让用户看到与之相似的患者在选择化疗、手术或放疗方面的进展。但是由于隐私保护，医疗数据很难获得，所以我们研究时使用了相关的背景。我们测试了 18 名参与者做出教育选择，如课程、实习或研究项目，以实现他们的目标，例如行业工作或研究生学习（图 19.6）。参与者希望选择与他们在性别、学位课程和专业方面相似的学生以及上过相似课程的学生。结果显示，当他们控制推荐系统时，他们花费的时间更长，但他们更有可能理解和遵循推荐。正如一位参与者评论的那样："高级的控制功能使我能够得到更精确的结果。"

图 19.6　可视化用户界面

注：可视化的用户界面，使用户能够找到有相似经历的人。
资料来源：杜帆等人，2019 年。

　　近十年来，比利时鲁汶大学的卡特琳·韦伯特（Katrien Verbert）教授和她的团队一直在研究基于人工智能的推荐系统的探索性用户界面。他们在音乐推荐和求职等应用程序中的多篇论文反复展示了简单滑块控件允许用户指导选择的好处。在一项研究中，他们使用了声破天（Spotify）音乐的 14 个维度中的 5 个维度：音质、器乐、律动、效价和能量。当用户移动滑块来显示增加或减少的偏好时，歌曲列表会响应他们的选择（图 19.7）。结果很明显："大多数参与者对自己有能力引导建议表示了积极的态度……通过查看推荐歌曲和属性之间的关系，他们可能会更好地理解为什么某些歌曲会被推荐。"

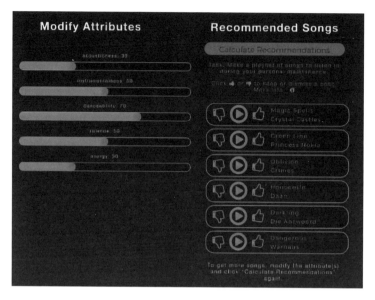

图 19.7　用简单的滑块来控制音乐推荐系统

资料来源：米勒康普（Millecamp）等人的组件，2018 年。

　　另一个例子是经济合作与发展组织（OECD）的"美好生活指数"（Better Life Index）网站，该网站根据住房、收入、工作、社区和教育等 11 个主题对各国进行排名（图 19.8）。用户移动滑块来表示哪些主题对他们更重要或更不重要。当他们做出改变时，列表会以流畅的动画条形图的样式更新，这样他们就可以看到哪些国家最符合他们的偏好。

　　的确，有很多用户不愿意为做选择而烦恼，所以他们更喜欢全自动的推荐，即使推荐没有很好地满足他们的需求。对于电影、书籍或餐厅推荐等可自由裁量的应用尤其如此，但控制的欲望会随着结果而增长，尤其是需要为结果负责的专业人士在做生命攸关的决策时。

　　在电子商务、电影和其他推荐系统中有许多类似的研究，但我被一个简单而创新的小说推荐网站所吸引。用户可以从 12 个滑块中选择 4 个属性，例如有趣 / 严肃、美好 / 恶心、乐观 / 阴郁（图 19.9）。当他们移动滑块时，书的封面图像就会在右侧来回移动。点击封面图片会产生一段简短的描述，

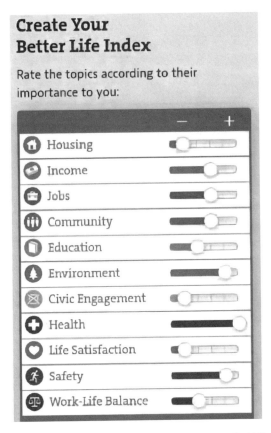

图 19.8　经济合作与发展组织的"美好生活指数"界面

帮助用户决定是否阅读。其他控件还包括显示位置的世界地图（甚至还会
显示虚构的位置）和故事类型（冲突、任务、启示等）、种族、年龄、性别
等复选框。我喜欢，我要来试一试！

　　总之，虽然事后解释是解决用户困惑的一个好方法，且在某些情况下
可能需要，但更好的方法可能是防止或减少解释需求。这种预防而非治疗
疾病的想法是可行的，通过前瞻性的视觉用户界面，让用户探索各种可能
性。可视化用户界面通过轻松地探索替代方案来了解权衡、查找附近项目
并给出自己的一些发现，帮助用户理解问题的维度或属性。由于用户需求
会随着时间的推移而变化，并且高度依赖使用环境，因此允许用户指导推

图 19.9　基于书籍属性的小说推荐系统

荐是有帮助的。本章中的简单设计并不总是有效，但有越来越多的证据表明，如果做得好，有用户控件会比那些没有用户控件的系统更受欢迎，从而获得更多满意的用户和更成功的使用。

由卡丽·卡拉哈里欧斯（Karrie Karahalios）领导的伊利诺伊大学研究小组对 75 名脸谱网用户进行了调研，并对 36 名参与者进行了可用性测试和访谈。其问题是用户是否了解他们脸谱网的新动态以及如何控制它。令人不安的结果是，用户基本上不知道这些控件的存在，并且大多数用户无法找到执行可用性测试任务所需的控件，当他们发现设置可用但很难找到时，有些人就会变得愤怒。该研究对此提出了一些改进建议，例如增加搜索功能和改进菜单设计。

对控制面板持怀疑态度的人指出，很少有用户会学习使用现有的控制面板，但设计良好的控制面板，比如在汽车中调整汽车座椅、后视镜、照明、声音和温度，已经从竞争优势变成了必备功能。乔纳森·斯特雷

（Jonathan Stray）和人工智能合作伙伴的同事们没有强调控制面板，而是强调了解用户需求的策略，使自动推荐更贴近用户的需求。适合 HCAI 所解决的各种问题的更新设计是可以实现的——只需要更多的想象力。

第 20 章

通过业务管理策略营造的安全文化

虽然每个组织都希望在任何情况下都能完美地履行职责，但残酷的现实是，流行病压垮了公共卫生，核电站故障引发了地区混乱，恐怖分子威胁着许多国家。过去的事故和事件通常产生的影响很小，但如今，全球化经济中基于技术的相互依存的大规模组织的失败可能对整个城市、地区和大陆的健康和经济造成毁灭性影响。通过组织设计为失败做准备已经成为 HCAI 的一个主要主题，它至少有四种方法。

正常事故理论。查尔斯·佩罗（Charles Perrow）颇具影响力的著作《正常事故》（*Normal Accidents*）有力地论证了组织对安全的责任，而不是批评特定设计或操作失误。他的分析源自政治科学和社会学，强调了组织的复杂性以及单位之间过度耦合的危险，这种耦合将导致集中控制过多且冗余不足，从而无法应对中断。紧耦合意味着组织具备标准的操作程序和精心设计的分层领导链，但当意外事件发生时，跨单位的流畅合作又变得至关重要。对于那些追求最少员工来处理日常运营的组织来说，很难支持人员冗余，但当紧急情况发生时，立即需要额外的有经验的员工。一个组织如何能证明只需要比日常运营多 20% 或 30% 的员工就能为每年发生一次的紧急情况做好准备？组织应该如何应对关键人员的离职或死亡？例如，一个公司的三名高管在前往会议目的地的途中死于一场小型飞机失事——也许组织应该确保关键人员乘坐不同的飞机。佩罗的这一研究得到了心理

学家加里·克莱因的拓展，但受到了社会学家安德鲁·霍普金斯（Andrew Hopkins）的批评。霍普金斯指出，这一研究缺少衡量两种危险的指标：紧耦合和冗余不足。其他批评者则认为佩罗的观点过于悲观，即复杂组织不可避免地会失败。

高可靠性组织。这种方法源于组织设计和企业管理。高可靠性组织"专注于故障"，研究可能发生的故障和未遂事件，并定期与相关人员进行故障模拟来"致力于恢复"。在明尼苏达州从事电力传输工作的希拉里·布朗（Hilary Brown）写道，高可靠性组织"通过人员冗余、频繁培训、强调责任以及在整个集团层级中分配决策来提高可靠性，这些都降低了复杂性和紧耦合的影响，正如佩罗所定义的那样"。与正常事故理论相反，高可靠性组织的倡导者乐观地认为，正念文化可以预防事故。

弹性工程。这种方法源于认知科学和人因工程。弹性工程使组织足够灵活，并且能够从意外事件中恢复。俄亥俄州立大学的大卫·D.伍兹通过鼓励组织开发"可持续适应性的架构"来促进弹性工程，并从生物、社会和技术系统中吸取经验教训。弹性工程来源于如何适应各类灾难的规划，例如自然灾害（地震、洪水和风暴）、技术相关的灾害（电力、电信、供水中断）、对抗性的灾害（破坏、恐怖主义、犯罪）或设计性的灾害（系统错误、人为错误、管理失败）。

安全文化。这种方法源于对重大灾难的应对，如切尔诺贝利核反应堆事故、美国国家航空航天局"挑战者号"航天飞机事故等灾难，这些灾难不能归因于个人错误或设计失败。该群体的领导者寻求建立一个培养员工态度的组织，长期致力于开放的管理战略、所有员工的安全心态和经过验证的组织能力。麻省理工学院的南希·莱韦森（Nancy Leveson）开发了一种构建安全工程的系统工程方法，包括设计、危害分析和故障调查。她对安全性和可靠性进行了细致的区分，并指出两者是可分离的问题，需要不同

的应对方法。

这四种方法的共同目标是，通过准备组织应对故障和未遂事件确保安全、不间断的性能（图 18.2）。在安全文化方法的基础上，我强调了管理者支持 HCAI 的方法：领导对安全的承诺；以安全为导向的招聘和培训；广泛报告故障和未遂事件；内部审查委员会的问题和未来计划；与行业标准和公认最佳实践的一致性评估。

领导对安全的承诺

高层组织领导人可以通过价值观、愿景和使命来明确他们对安全的承诺。领导对失败的关注体现在他对建立安全文化所做出的积极声明中，包括价值观、信念、政策和规范。持久的安全文化可能会被当前的安全环境所撼动，比如由于内部冲突和新的外部威胁而改变的气氛、环境和态度。明智的企业领导人也知道，倘若董事会也参与决策，那么他们对安全的承诺才更有可能成功，这样，领导者就会认识到，他们的地位取决于安全承诺的成功与否。

通过频繁地重申承诺、积极招聘、反复培训以及公开处理故障和未遂事件，员工可以看到领导的承诺。对事故的审查，例如每月召开的医院审查委员会会议，可以大大提高患者的安全性。俄亥俄州一家医院的珍妮特·贝里（Janet Berry）团队报告称："改进的安全和团队合作氛围……与减少患者伤害和严重程度调整的死亡率相关。"注重安全的领导者强调内部审查委员会对计划和问题的讨论，以及对行业标准和实践的遵守。

安全文化需要努力和预算，以确保有足够多的员工参与，有充足的时间和资源来完成他们的工作。这可能意味着需要更多的人员，以确保在出现问题时能够找到知识渊博的人员，并通过风险审计来预防失败，从而具有预测危险的积极心态。安全性、可靠性和弹性增加了持续成本，但回报是降低了代价高昂的故障的发生概率。此外，安全工作通常会提高生产力、减少工伤费用、节省运营和维护成本。这些益处很难向怀疑者证明，因为怀疑者们想要质疑为罕见事件和不可预测事件做准备的相关支出，从而削减成本。

虽然一些关于安全文化的著作侧重于员工安全和设施安全，但对于HCAI 系统而言，重点必须放在那些生活受到系统影响的人身上。因此，HCAI 系统安全文化的建立将与用户紧密关联，比如患者、医生、医院的管理人员或犯人、律师和假释组织的法官。面向受影响群体的外展服务向利益相关者提供了信息的双向沟通、持续收集使用情况的数据，以及易于报告的不良事件。HCAI 组织中安全文化的实施正在兴起，支持医疗健康领域的人工智能管理就是初步努力的一个案例。

人工智能算法的安全性是一个管理问题，但它对开发人员有技术影响。领导者需要充分了解提高安全性的方法，比如选择正确的客观指标、确保监督控制者能够阻止危险的行动、避免"分配转移"（环境变化会使训练数据失效），以及防止对抗性攻击。领导需要经常在开发过程中验证测试是否完成，并在整个部署过程中继续测试。

怀疑者担心，在核电、化工、医疗或社交媒体平台等许多行业，企业安全文化声明只是应对不可接受风险的公关尝试。他们还指出，在一些案例中，失败被归咎于操作人员的失误，而不是组织准备不当或操作人员培训不足。确保安全的一种方法是任命一名内部监察员，私下听取员工和利益相关者的担忧，同时公正对待报告严重安全威胁的举报人。

以安全为导向的人员招聘及培训

当在招聘职位描述中提及安全问题时，现有员工和潜在的新员工都可

以看到这一承诺。招聘的多元化也体现了该企业对安全的承诺，例如代表了员工和技能多样性的高级员工。安全文化可能需要来自健康、人力资源、组织设计、人种学和调查取证等领域经验丰富的安全专业人员。

遵循"安全第一"的组织会定期进行培训演习，例如工业控制室操作人员执行应急预案、飞行员借助飞行模拟器进行培训，以及医护人员为大规模伤亡或流行病进行多日演习。当日常实践与应急预案类似时，员工才更有可能在紧急情况下取得成功。可考虑的周到计划是根据过去事故发生的频率或严重程度对紧急情况进行排名，分析每种情况下需要多少内部应对人员，并计划在需要时如何使用外部服务。设计良好的检查表可以减少正常操作中的错误，并提醒操作人员在紧急情况下应该做什么。

由于有来自领先科技公司的指导文件，例如苹果公司的人机界面指南和谷歌公司的设计指导书，计算机软件和硬件设计师所需的培训变得更加容易，它们都包含可参考的屏幕设计示例。此外，微软公司的 18 条人机交互指南和国际商业机器公司的人工智能网站都依赖于一般原则，但这些原则仍需要不断改进。

这些指南基于用户界面设计的悠久历史和 HCAI 系统设计界面的最新研究。然而，组织必须向用户界面设计师、程序员、人工智能工程师、产品经理和政策制定者传授指南，如果有确保执行、授予豁免和持续改善的组织机制，他们的实践就会得到加强。

随着 HCAI 系统的引入，培训需求变得更加复杂，例如拥有自动驾驶汽车的消费者、使用电子医疗系统的临床医生、工业控制室的操作人员。这些用户需要了解他们所控制的系统，以及机器学习的工作原理，包括其潜在故障和可能出现的结果。

保罗·R. 多尔蒂（Paul R. Daugherty）和 H. 詹姆斯·威尔逊（H. James Wilson）在《人类 + 机器：人工智能时代的工作重构》（*Human + Machine:*

Reimagining Work in the Age of AI）一书中强调了培训的重要性。他们写道：
"公司必须为员工提供必要的培训和再培训，以便让员工做好准备，承担任
何新的角色……对人的投资必须是每个公司人工智能战略的核心内容。"

广泛报告故障和未遂事件

以安全为导向的组织会定期报告他们的故障（也可称之为"不良事
件"）和未遂事件（也可称之为"侥幸脱险"）。未遂事件可以是容易处理的
小错误，也可以是可避免的危险操作，例如偶尔漏水、强制设备重启、操
作失误或断电。如果未遂事件中遗漏或疏漏的错误被报告和记录，那么设
备和设施管理人员就能够清楚地了解设备的运行模式，从而可以集中注意
力防止更严重的故障。由于未遂事件通常比故障发生的频率高得多，因而
可以提供更丰富的数据来指导维护、培训或重新设计。

美国国家安全委员会提出了一个令人震惊的建议，即不要奖励那些几
乎没有故障的部门经理，而应该奖励那些未遂事件报告率高的部门经理。
"未遂事件报告"是一种常见而有效的做法，让员工的注意力更加集中在安
全上，并随时准备做出"未遂事件报告"，而非掩盖故障。

民航在安全方面有着当之无愧的声誉。这在一定程度上源于一种丰富
的"未遂事件报告"文化，比如美国联邦航空署热线邀请乘客、空中交通
管制员和公众举报事故，而且如果他们愿意，可以匿名举报。

美国国家运输安全委员会的公开报告在促进交通改进方面受到信任并
具有影响力，该委员会对伤亡事故进行了彻底调查。此外，航空安全报告
系统可以"收集机密报告，分析得出航空安全数据，并向航空界传播重要
信息"。这些公开报告系统是 HCAI 系统的良好模型。

美国食品和药物管理局的不良事件报告系统为公开报告 HCAI 系统的问题

提供了一个模型。基于网络的公共报告系统面向医疗健康专业人员、消费者和制造商征集了关于药物、医疗设备、化妆品、食品等其他产品的报告。系统的用户界面通过 7 个阶段引导用户来收集所需的数据，以创建可信和有用的数据集。其公共指示板展示了每年报告数量不断增长的数据信息，2018 年、2019 年和 2020 年的报告数量均超过了 200 万份。

另外一个美国食品和药物管理局的报告系统——制造商和用户设备体验系统，记录了机器人手术系统使用中的不良事件。根据这些数据，美国食品和药物管理局详细审查了 2000—2013 年期间的 10 624 份报告，报告了144 例死亡、1 391 例患者受伤和 8 061 例设备故障。这些令人担忧的结果的报告建议，"改进人机界面和手术模拟器，以培训手术团队处理技术问题并在手术期间实时评估操作。"其结论强调了"手术团队培训、先进的人机界面、改进的事故调查和报告机制以及基于安全的设计技术"的价值。

对于网络威胁、硬件和软件的网络安全问题，公开报告系统也已被证明是有价值的。MITRE 公司是一家受资助为美国政府工作的公司，自1999 年以来一直保存着一份常见漏洞和风险的清单，其超过 15 万个条目。MITRE 与美国国家标准与技术研究院合作维护国家漏洞数据库，帮助软件开发人员了解程序中的漏洞，这样就可以更快地进行修复，在有共同利益的人之间进行协调，并努力防止未来产品和服务中的漏洞。所有这些开放的报告系统都是处理 HCAI 故障和未遂事件的良好模型。

在软件工程中，代码开发环境，例如 GitHub，会记录每一行代码的作者和做出更改的文档。GitHub 声称被 300 多万个组织中的 5 600 多万开发者使用。当系统运行时，漏洞报告工具，例如免费的 Bugzilla 工具，通过跟踪系统记录和测试，来指导项目团队发现频繁和严重的漏洞。及时解决用户的问题可以防止其他用户遇到同样的问题。这些工具通常由软件工程团队成员使用，但工具的另一个用途是邀请用户提交问题报告。

长期以来，网络安全领域一直为漏洞报告付费的做法可以适用于 HCAI 系统，即给报告系统问题的个人支付漏洞赏金，这一想法可以扩展到向上报告偏差表现的个人支付偏差赏金。这种众包的想法已经被谷歌等公司采用，向每份经过验证的报告支付 100 美元到 3 万多美元不等的费用，总计已支付超过 300 万美元。此外，至少还有两家公司从事为客户管理此类系统的业务：HackerOne 和 BugCrowd。在 HCAI 环境中验证这一想法需要制定政策，包括支付多少钱、如何评估报告，以及公开披露多少有关漏洞和偏差报告的信息。这些众包的想法建立在软件开发人员埃里克·雷蒙德（Eric Raymond）的信念之上，他认为，"只要有足够多的眼睛，就可以让所有的漏洞浮现"，这表明让更多的人参与寻找漏洞是有价值的。

与没有显示器的高度自动化系统（如电梯、制造设备或自动驾驶汽车）相比，以可解释状态显示的交互式系统更容易报告漏洞。例如，我经常在家里遇到网络连接问题，但由于缺乏足够的用户界面，我很难报告我所遇到的问题。当网络连接中断时，我很难判断是笔记本电脑出了问题，还是路由器的无线连接出了问题，或是网络服务提供商出了问题。我希望有一个状态显示和控制面板，这样我就可以解决问题或知道该给谁打电话咨询。服务器托管公司就能为其专业客户提供这些信息。像许多用户一样，我遇到上述问题时最好的做法是全部重启，并希望在 10~15 分钟内可以恢复工作。

另一个要遵循的模型是美国陆军的事后回顾方法，该方法也被用于医疗健康、交通运输、工业过程控制、环境监测和消防，因此它们可能有助于研究 HCAI 故障和未遂事件。调查人员试图了解应该发生的事情、实际发生的事情以及未来可以做得更好的事情。一份阐述哪些进展顺利和哪些可以改进的完整报告将鼓励人们接受建议。随着采用事后回顾方法的人对流程越来越熟悉，他们的分析可能会随之改进，他们的建议也会得到接受。

　　HCAI 社区的早期工作是收集关于 HCAI 事件的数据。罗曼·扬波尔斯基（Roman Yampolskiy）收集的一系列最初的事件被纳入了人工智能伙伴关系的一个更宏伟的项目中。肖恩·麦格雷戈（Sean McGregor）描述了令人钦佩的目标和方法，以用于构建来自流行、贸易和学术出版物领域的 1 000 多个事件报告的数据库。人们可以通过"抵押贷款"或"面部识别"等关键词和短语进行搜索，但关于这些事件的一份深度报告仍有待完成。尽管如此，这仍然是一个重要的项目，它可以帮助我们努力打造一个更可靠、更安全、更值得信赖的系统。

　　另一个重要但范围更窄的项目由卡尔·汉森（Karl Hansen）牵头，他负责收集与特斯拉汽车相关的死亡事件的公开报告，他是美国陆军刑事调查司令部保护服务营的一名特工，于 2018 年被特斯拉聘为内部调查员。他声称自己因公开报道特斯拉汽车的死亡事件而被特斯拉解雇。从日常向公众展示的情况来看，截至 2021 年 9 月，特斯拉的车辆故障已造成 209 人死亡，这远远超出了大多数人的预期。这些报告是不完整的，所以很难确定每个案例发生了什么，或者"Autopilot"自动驾驶系统是否在运行。2021 年 8 月，美国国家公路运输安全管理局对 11 起特斯拉自动驾驶汽车碰撞路边急救人员的事故展开了调查。

　　截至 2020 年 1 月，美国国家公路交通安全管理局收到了 122 起涉及特斯拉的突然意外加速事件的报告。一份典型的报告是这样描述的："我妻子慢慢地靠近车库门，等着车库门打开时，汽车突然向前倾斜……撞坏了车库门……汽车在撞到车库的水泥墙时才停了下来。"另一篇报道描述了汽车的两次突然加速，最后说"幸运的是没有发生碰撞，但我们现在仍很害怕"。特斯拉声称，其调查显示车辆运行正常，每起事故都是司机踩油门造成的。然而，一辆声称安全第一的汽车难道不应该防止其与车库门、墙壁或其他车辆发生碰撞吗？

解决问题并作出未来计划的内部审查委员会

内部审查委员会对安全文化的承诺体现在其每月定期召开的会议上，会议将讨论故障和险情，并鼓励面对严峻挑战时做出不懈努力。事件标准化的统计报告允许管理人员和工作人员了解哪些度量标准是重要的并建议新的度量标准。企业内部和偶尔公开的总结强调了安全文化的重要性。

审查委员会可能包括管理人员、工作人员和其他人，他们就如何促进持续改进提出了不同的观点。在某些行业，例如航空，准点率或行李丢失率的月底报告推动了良性竞争，这有利于公共利益。同样，医院会报告患者在各种情况或手术下的治疗结果，公众能够根据报告初步地选择医院。美国卫生与公众服务部医疗保健研究和质量局定期对医院、疗养院和社区药房的患者安全文化进行调查。这些调查提高了工作人员对患者安全的认识，并形成了一种长期、跨区域的趋势。

在许多医院中出现了一种面对事故时令人震惊的处理方法，即披露、道歉和提供方案等方式。医疗专业人员通常会为患者提供极好的护理，但当出现问题时，他们往往会尽力为患者提供最好的服务。然而，对医疗事故诉讼的恐惧限制了医生向患者及其家属或医院管理人员报告问题的意愿。披露、道歉和提供方案等新兴方式转变为向患者及其家属的全面披露、明确道歉，并提供治疗以补救问题和／或经济补偿。虽然一些医生和管理人员担心这会增加医疗事故诉讼，但结果却截然不同。患者及其家属都很欣赏这种诚实的披露，尤其是明确的道歉。因此，诉讼往往减少了一半，而由于医生对这些方案的认可，医疗事故的数量也大幅减少。职业自豪感和组织荣誉感也有所增加。

内部审查和审计团队也可以改进 HCAI 实践，从而限制故障和未遂事件。谷歌公司内部算法审计的五阶段框架旨在"缩小人工智能问责的差

距"，为其他公司提供了一个良好模型：

①范围：确定项目和审计范围；提出风险问题。

②映射：创建利益相关者映射和协作者联系清单；进行访谈并选择指标。

③工件收集：文档设计过程、数据集和机器学习模型。

④测试：进行对抗性测试，以探测极端案例和故障可能性。

⑤反思：考虑风险分析、故障补救，并记录设计历史。

该模型包括审计后自我评估总结报告和跟踪执行的机制。然而，该团队很清楚，"内部审计只是一个需要质量检查和平衡的更广泛系统的重要方面之一"。

脸谱网的监督委员会是企业最初努力的一个案例，该委员会于2020年年中成立，负责其平台上的内容监控和管理。微软的人工智能和工程与道德研究委员会就负责任人工智能的问题、技术、流程和最佳实践向领导层提供建议，这些"值得人们信任"。微软的负责任人工智能办公室对公司范围内的管理、团队准备和处理敏感用例实施了相应的规则。该办公室还帮助塑造新 HCAI 方法相关的"法律、规范、标准……为了整个社会的利益"。

行业标准实践的一致性评估

在重要和生命攸关的行业中，都有既定的行业标准，这些标准通常由专业协会颁布，如先进自动化协会。先进自动化协会成立于1974年，其前身是机器人工业协会，并与美国国家标准协会合作，通过制定供其成员使用的自愿共识标准来推动"创新、增长和安全"。他们在先进自动化方面的工作是其他形式的 HCAI 的模型。

国际标准组织有一个机器人技术委员会，自 1983 年以来，该委员会的目标是"为工业机器人和服务机器人的安全制定高质量的标准……通过提供明确的最佳实践和标准化界面和性能标准，确保正确的安装及其安全性"。新兴的 IEEP 7000 系列标准与透明度、偏见、安全性和可信赖性等 HCAI 问题直接相关。这些标准更精确地定义了 HCAI 系统并提出了评估方法，从而促进这些目标的实现。自主和智能系统道德开放共同体促进讨论并协调多个全球标准的工作。

第三方标准的一个来源是万维网联盟，对于那些追求通用或包容性设计目标的网站设计师，该联盟为其提供网站内容可访问性指南；另一个来源是美国无障碍委员会，其第 508 条标准指导机构"向残障员工和公众成员提供与他人可得信息相当的信息访问权"。这些可访问性指南需要确保 HCAI 系统的普遍适用性，并提供如何为 HCAI 系统适用其他指南的有用模型。

与这些制定指南的组织达成合作，有助于公司制定未来的指南和标准，可以从中了解最佳实践方法，并对员工进行培训。客户和公众可能会认为，参与并遵守标准，是公司以安全为导向的标志。然而，怀疑者则担心，企业参与制定自愿性标准可能会导致标准力度不够，其主要目的是防止政府采取更严格的监管或其他干预措施。这一过程被称为"企业俘获"，即企业参与者弱化标准以获得竞争优势或避免更昂贵的设计。然而，企业参与者也为该过程提供了实践经验，从而提高了标准的相关性及其被广泛接受的机会。虽然完美的平衡很难实现，但良好的自愿性标准可以改善产品和服务。

提升软件质量的另一种方法是能力成熟度模型（图 20.1），该模型由美国软件工程研究所于 1980 年代后期开发并定期更新。软件工程研究所的目标是改进软件开发过程，而不是为产品和服务设定标准。2018 版的能力成

熟度模型集成声称，它有助于"集成传统上分离的组织职能，设置过程改进目标和优先级，为质量过程提供指导，并为当前过程的评估提供一个参考点"。

成熟度等级的特征

5 级
优化管理级 专注于过程改进

4 级
量化管理级 已度量且已控制的过程

3 级
已定义级 以组织为特征的过程，具有主动性
（项目根据组织的标准定制其过程）

2 级
已管理级 以项目为特征的过程，
通常是被动的

1 级
初始级 过程不可预测、控制不
佳、被动反应

图 20.1　成熟度等级的特征：能力成熟度模型中的五个等级

　　能力成熟度模型集成是软件工程组织过程的指南，它分为 5 个成熟度等级，在 1 级中，过程不可预测、组间控制不佳、开发人员只能被动反应。更高级别的成熟度定义了有序的软件开发过程，其中包含管理控制的详细度量，以及组织范围内关于如何优化性能和预测问题的讨论。对员工和管理人员的培训有助于确保所要求的实践得到理解和遵循。大多数美国政府的软件开发合同，尤其是来自国防机构的合同，都使用正式的评估程序，并规定了投标人需具备的成熟度等级。

　　总之，安全文化需要行业领导者的坚定承诺，并得到人员、资源和实

质性行动的支持,这与早期科技公司"快速行动,打破常规"的行为规范背道而驰。为了取得成功,领导者必须聘请一位安全专家,该专家将使用严格的统计方法预测问题、重视开放性,并衡量绩效。此外,内部审查以及与行业标准的一致性评估也是一个重要策略。当组织进入成熟阶段,安全性将被视为一种竞争优势,它使 HCAI 技术在重要的和生命攸关的应用中越来越受信任。

怀疑者质疑能力成熟度模型是否会导致头重脚轻的管理结构,从而会减缓受欢迎的敏捷和精益开发方法的进程。尽管如此,针对医疗设备、交通运输和网络安全的 HCAI 能力成熟度模型的建议仍在不断涌现。英国人工智能道德和机器学习研究所提出了一个基于数百个实用基准的机器学习成熟度模型,该模型涵盖了数据和模型评估过程以及可解释性要求等内容。

HCAI 能力成熟度模型可转化为可信赖成熟度模型。该模型描述了 1 级 HCAI 的初始达成要求,即由单个团队的偏好和知识指导,过程不可预测、组间控制不佳、开发人员只能被动反应。2 级的达成可能需要对人员进行统一的使用工具和流程培训,保证其在团队中的一致性,而 3 级可能需要重复使用工具和流程,并对工具和流程的有效性进行审查、改进,以满足应用领域的要求和组织风格。评估包括数据的偏差测试、HCAI 系统的验证和确认、性能用户体验测试以及对客户投诉的审查。4 级可能需要测量 HCAI 系统的性能和开发人员的表现,并分析审计跟踪以了解故障和未遂事件是如何发生的。5 级则需要在多个组间重复度量,并随着时间的推移持续改进并进行质量控制。

为了支持可信赖成熟度模型,某研讨会的专业和学术参与者与 59 名合著者共同撰写了一份全面报告,他们呼吁"开发人员要想赢得系统用户、客户、公民社会、政府和其他利益相关者对其正在构建的负责任人工智能的信任,就必须超越原则,专注于展示负责任行为的机制"。该报告对制度

结构和软件工作过程的建议与本书一致，此外还涵盖了硬件建议、形式方法和"足够精确到可证伪"的"可验证声明"。

此外，另一个日益发展的行业实践是开发用于记录 HCAI 系统的模板，这对于开发人员、管理人员、维护人员和其他利益相关者是有好处的。"数据集的数据表"这一想法引发了大家极大的兴趣，因为其解决了"机器学习数据集所需要文档的数量应等同于使用数据集的程序数量"这一问题。该作者提出了一种"标准化的方法，记录数据集的创建方式和原因、其中包含的信息、应该和不应该用于哪些任务以及是否可能引发道德问题或法律问题"。他们的论文提供了人脸识别和情感分类项目的数据表示例，催生了更有实力的成果，例如谷歌的 Model Cards、微软的 Datasheets 和国际商业机器公司的 FactSheets。FactSheets 团队让 35 名参与者对 6 个系统（例如音频分类器、乳腺癌检测器和图像标题生成器）的质量进行评估，包括完整性、简洁性和清晰度等。该团队的第二项研究要求 19 名参与者创建 FactSheets，研究团队据此改进了他们的设计和评估方法。FactSheets 研究及其相关材料可访问国际商业机器公司网站。在此基础上，英国布里斯托尔大学的卡珀·索科尔（Kacper Sokol）和彼得·弗拉赫（Peter Flach）开发了一个可描述系统可解释性等众多特征的 Explainability FactSheets。如果这些早期的文档工作发展成熟并在公司中推广，可以大大改进开发过程，从而提高系统的可靠性、安全性和可信赖性。

第 21 章

通过独立监督获得可信赖的认证

治理结构中的第三个管理层是进行外部审查的独立监督组织（图 18.2）。诸多构建了重要 HCAI 系统的大公司、政府机构和其他组织，都正在冒险步入新的领域，同时也将面临新的问题。因此，完善的独立监督审查有助于他们构建公众广泛认可的可信赖系统。然而，正如来自政府、企业、大学、非政府组织和公民社会的 40 多种不同报告所显示的那样，设计成功的独立监督结构仍然是一项挑战。

独立监督的关键是支持人类或组织对其产品和服务负责任和承担义务的法律、道德和伦理原则。责任是一个复杂的话题，如法律责任、职业责任、道德责任和道德偏见。对责任进行更深层次的哲学讨论是有用的，但我假设人类和组织对其间接构建、运营、维护或使用的产品和服务负有法律责任。欧盟新技术责任专家委员会的报告也强调了明确自主技术和机器人技术责任的重要性。委员会声称，这些技术的运营商应承担责任，且产品应该进行审计跟踪，支持对失败的回溯性分析，从而将责任分配给制造商、运营商或维护组织。

专业工程师、医生、律师、航空专家、商业领袖等都意识到自己对自己的行为负有个人责任，但是在软件领域，很大程度上规避了设计师、程序员和管理人员的认证和职业责任。此外，合同经常包含"免责"条款，规定开发人员不承担损害赔偿责任，即便有 50 年的软件开发经验，软件开发也经常被描述为一种新出现的活动。HCAI 运动再次呼吁并提出算法的问

责性和透明度、合乎道德的设计以及专业责任等问题。虽然人工智能促进协会、美国计算机协会、电气和电子工程师协会等专业组织为其成员制定了道德行为准则，但对不道德行为的处罚却很少。

当损害发生时，责任的分配是一个复杂的法律问题。然而，许多法律学者认为，尽管先例将有助于澄清问题，但现有的法律已经足以处理 HCAI 系统的相关问题。例如，在现有法律下，脸谱网被起诉存在歧视，因为其人工智能算法允许房地产经纪人按性别、年龄和邮政编码定位住房广告。脸谱网处理了这起案件，并做出了改进，以防止在住房、信贷和就业方面的广告歧视。

企业、政府机构、大学、非政府组织和公民社会正在通过广泛使用独立监督的方式，以讨论、审查、监控正在进行的过程以及分析故障原因。独立监督旨在审查重大的项目计划，调查严重的故障，并促进持续改进，从而确保可靠、安全和可信赖的产品和服务。

在独立监督委员会任职的个人应是受人尊敬的领导者，具备专业知识并对所审查的组织有足够的了解。这些领导者应知识渊博，但不应涉足这些组织，因而具有独立性。此外，委员会必须对其可能存在的利益冲突进行披露与评估，例如与被审查的组织的历史关系。因此，一个强有力的监督委员会需要由代表不同学科、年龄、性别、种族等其他因素的多样化成员组成。

该委员会调查能力应包括检查私人数据、强制面谈，甚至传唤证人作证的权利。如果公开独立监督报告，效果会更好。如果需要在特定的时间内（通常以周或月为单位）做出响应和改进，建议这些相应和改进是具有影响力的。

三种常见的独立监督方法如下（图 21.1）。

独立监督方法

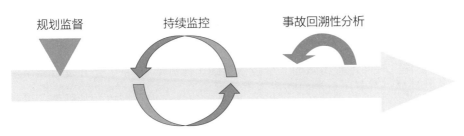

图 21.1　三种独立监督方法

规划监督。应提前提交并审核新开发的 HCAI 系统或系统的重大升级的提案，并进行反馈和讨论。规划监督类似于区域规划局，负责审查符合建筑规范的新建筑提案。规划监督的一种变体是算法影响评估，它类似于环境影响的陈述，使利益相关者能够在实施计划之前讨论计划。严格的规划监督需要进行后续审查，以验证计划是否被遵循。

持续监控。这是一种高成本的监督方法，例如美国食品和药物管理局的检查员在制药和肉类加工厂的持续工作，以及美国联邦储备委员会持续监控大型银行的行为。持续监控的一种形式是定期检查，例如电梯季度检查或上市公司年度财务审计。对 HCAI 抵押贷款或假释系统的持续监控将会揭示问题，因为申请人资料或环境是不断变化的，例如在新冠疫情期间出现的问题。

事故回溯性分析。美国国家运输安全委员会对飞机、火车或船只坠毁事故进行了广泛、全面的审查，并提供了详细的报告。同样，美国联邦通信委员会正着手审查社交媒体和网络服务中的 HCAI 系统，尤其是残障人士的访问权和虚假新闻攻击。美国和世界各地的其他机构正在制定原则和政策，以研究和限制系统故障，其中的一项核心工作是为各种应用程序制定审计跟踪和分析的行业指南。

怀疑论者指出，独立监督方法的失败，有时可能是因为缺乏足够的独

立性，但这种方法的价值得到了广泛的认可。

总之，明确设计师、工程师、管理人员、维护人员和先进技术用户的责任将提高安全性和有效性，因为这些利益相关者将意识到他们对过失行为的责任。软件工程团队的五个技术实践（详见第 19 章）是开发可靠系统的第一步。五种管理策略（详见第 20 章）建立在现有策略的基础上，以塑造组织中所有团队的安全文化。本章通过独立监督审查提供了行业内可信赖认证的四种途径，其中知识渊博的行业专家可以将成功的实践从一个组织推广到另一个组织。第 22 章将描述政府干预和法规。

会计师事务所对 HCAI 系统进行外部审计

美国证券交易委员会要求公开交易企业的内部和外部年度审计报告，审计结果将在美国证券交易委员会网站以及公司年度报告上公布。该委员会要求使用公认的会计准则，这一准则被广泛地认为能够限制欺诈行为，并为投资者提供更准确的信息。然而，大规模的失败，如安然公司（Enron）和世界通信公司（WorldCom）的问题等，催生了 2002 年的《萨班斯－奥克斯利法案》（Sarbanes－Oxley Act），也被称为《企业和审计问责、责任和透明度法案》，但请记住一点，没有哪个体系可以完全地防止渎职和欺诈现象。关于 HCAI 项目报告的新规定，如对公正性以及用户体验测试结果的描述，可以标准化并强化报告方法，从而通过允许企业之间的比较来增加投资者的信任。

独立的财务审计公司可以对企业财务报表进行分析，以证明其准确、真实、完整，从而为企业的 HCAI 项目制定审查策略，为投资者提供指导。此外，审计公司还会向客户公司提出改进建议，且经常与内部审计委员会建立密切的关系，因此，审计公司的建议将极大可能得到实施。

公众压力或美国证券交易委员会的要求可能会鼓励领先的独立审计公司加大对 HCAI 项目的支持力度。四大会计师事务所分别是普华永道、德勤、安永和毕马威，他们都声称自己是人工智能方面的专家。德勤的网站发表了一份承诺声明，称"人工智能工具通常不会产生直接结果，除非与以人为中心的设计相结合"，这一声明倾向于本章所推荐的方向。会计师事务所有两个潜在的角色——咨询和独立审计，但根据《萨班斯－奥克斯利法案》的规定，这两个角色必须严格分开。

独立监督企业项目的一个有说服力的例子是对新冠病毒密切接触者的追踪。苹果公司和谷歌合作开发了移动设备应用程序，如果用户接触过感染了新冠病毒的人，该应用程序就会提醒用户。然而，隐私威胁立即引起了人们的关注，导致人们呼吁建立独立的监督委员会和政策。一项经过深思熟虑的提案为独立的监督治理委员会罗列出了 200 多个项目，以便在审计期间进行评估和裁决。对于涉及隐私、安全、行业竞争或潜在偏见的有争议的项目，独立监督小组有助于提高公众的信任程度。

如果四大审计事务所挺身而出，其在企业和公众中的信誉将会对 HCAI 系统的独立审计有促进作用，这将会产生实质性的影响。此外，可以借鉴发起组织委员会的模式，该委员会汇集了五个领先的会计组织，以改善企业风险管理、内部控制和欺诈威慑。这种 HCAI 的审计形式可以减少政府监管的压力，改善商业实践，其早期的工作可能会引起大家注意，并吸引可信赖的公众人物和组织加入此类审查委员会。

除了审计或会计公司，咨询公司也可以发挥作用。埃森哲公司（Accenture）、麦肯锡公司（McKinsey）和波士顿咨询公司（Boston Consulting Group）等行业领导者都建立了自己的人工智能专业知识库，并发布了白皮书，以便向企业提供建议，从而构建一个可靠、安全、可信赖的系统。

保险公司对事故进行赔偿

正如建筑、制造和医疗领域一样，保险行业是可信赖性的潜在保证人。保险公司可以规定制造、医疗、运输、工业等其他领域的 HCAI 系统的可保性要求。长期以来，保险公司一直要求相关企业遵守结构强度、消防安全、防洪等其他功能的建筑规范，并在确保建筑安全方面发挥着关键作用。建筑规范可以成为软件工程师的一个模型，正如计算机科学家卡尔·兰德维尔（Carl Landwehr）的建议所描述的那样："建筑领域中的建筑规范。"他将历史类推法扩展到管道系统、消防或电气标准，并应用到航空电子设备、医疗设备和网络安全的软件工程中，因而扩展到 HCAI 系统似乎是自然而然的。

建筑商必须满足建筑规范才能获得批准，从而才能获得责任保险。软件工程师可以对详细的软件设计、测试和认证标准做出贡献，保险公司可应用这些标准进行风险评估和制定保险定价。业绩的审计追踪以及故障和未遂事件的月度或季度报告中的要求将为保险公司提供所需的数据。精算师将能够熟练地为不同的应用和行业制定风险概况，并在发生损害时提供赔偿准则。

保险公司的下一步自然而然将是从各自服务行业的多家公司收集数据，这将加快其风险度量和承保评估方法的开发，也将完善每个行业的规范，从而引导开发商公开预期做法的记录。规范的制定也可以指导公司如何改进其 HCAI 产品和服务。

在医疗保健、旅游、汽车或房屋所有权等行业中，消费者所购买的保险可以提供无过错保护，该保险覆盖任何原因的损害赔偿。但在某些情况下，企业也会购买保险来支付医疗事故诉讼、交通事故以及火灾、洪水或风暴造成的建筑损坏的费用。对于 HCAI 系统来说，由企业购买保险似乎是合理的做法，从而为可能受到损害的消费者提供保护，这将推高产品和服务的成本，但与其他行业一样，消费者愿意支付这些成本。企业将不得不对 HCAI 系统进行风险评估，但随着应用程序数量的增加，将会出现足够多的故障和未遂事件的数据来指导改进。

包括旅行者保险公司（Travelers Insurance）在内的汽车保险公司于 2018 年 7 月发表了一篇关于自动驾驶汽车"确保自动驾驶"的论文。这些保险公司寻求这样一种框架："刺激创新，增加公共安全，提供安心和保护……司机和消费者。"该报告赞同这样一种观点，即自动驾驶汽车将显著提高安全性，但由于设备成本更高，损害索赔将随之增加。这两种观点都会影响风险评估、保费的设定及利润，因为他们预测，汽车的数量会因更多的共享使用而降低。这份早期的报告仍然具有指导性，因为公众仍然需要数据来证明或反驳自动驾驶汽车更安全的观点。制造商不愿报告他们所知道的情况，而美国各州和联邦政府尚未推动对自动驾驶汽车的公开报告和监管。当自动驾驶汽车从示范运营项目转向更广泛的消费者使用项目时，保险公司肯定会采取行动，但早期的干预措施可能会更有影响力。

怀疑者担心，比起保护公共安全，保险公司更关心的是利益。此外，他们还担心消费者在被自动驾驶汽车伤害时或被提供错误的医疗建议时难以提出索赔，或在工作招聘、抵押贷款批准或假释评估期间受到不公正的待遇。然而，正如保险的历史记录所显示的那样，购买保险将使大多数人在受到损失时受益。因此，一个具有价值的目标是，根据 HCAI 系统所造成的损害来制定具有实际意义的保险目标。

可考虑的其他方法是建立无过失保险计划或受害者赔偿基金，即由行业或政府为独立的审查委员会提供资金，该委员会及时向受害者支付赔偿，而无须复杂的司法程序和成本。例如，为 2001 年纽约恐怖袭击设立的"9·11 受害者赔偿基金"，以及为深水地平线（Deepwater Horizon）漏油事

故设立的"墨西哥湾海岸索赔基金"。这两个例子说明针对 HCAI 系统故障的新补偿形式的建议已经提出，但尚未获得广泛支持。

非政府组织和公民社会组织

除了政府工作、会计师事务所的审计和保险公司的担保外，美国和许多其他国家拥有丰富的非政府组织和公民社会组织，这些组织已经在积极推广可靠、安全、可信赖的 HCAI 系统（附录 A）。这些组织受到了不同程度的支持，但总的来说，这些组织可能会共同促进系统的改进并提高公众的接受度。

这些非政府组织通常由捐赠者或公司资助，资助者认为独立组织有更大的自由来探索新颖的想法，并可以在人工智能等快速发展的领域引领公众的讨论。有些非政府组织是由个人发起的，他们热衷于吸引他人并寻找赞助商，但更成熟的非政府组织可能有几十名甚至几百名有同样热情的工作人员。其中一些非政府组织就新技术的政策问题开发有益的服务或培训课程，从而为其带来资金，并进一步扩大其社交网络。

算法正义联盟是一个鼓舞人心的示例，该联盟促进了大型科技公司改善他们的面部识别产品，从而在两年内减少性别和种族偏见。在限制警察种族偏见的激烈运动之后，许多大型公司在 2020 年春季做出了停止向治安机构销售产品的决定，从而推断这些压力可能也产生了影响。

非政府组织已被证明是提出 HCAI 原则和道德相关新想法的早期领导者之一，但现在他们需要更加关注开发软件工程实践和商业管理策略相关的新想法。此外，非政府组织还必须增强与政府决策者、律师、保险公司和审计公司的联系，从而能够影响长期以来一直属于其他行业的外部监督机制。

然而，非政府组织的干预权力有限。他们的作用是指出问题、提出可能的解决方案、激发公众讨论、支持调查性新闻以及改变公众的态度。然后，由政府机构向工作人员提供政策指导，并在可能的情况下制定新的规章制度，由审计公司改变其流程以适应 HCAI，由保险公司在承保新技术时更新其风险评估方法。非政府组织还可以通过开展独立的监督研究来分析广泛使用的 HCAI 系统，从而产生影响力。非政府组织的报告能够提供新的见解和评估流程，以适应不同行业的需求。

专业组织和研究机构

事实证明，专业组织在制定自愿准则和标准方面是有效的。已经建立的新组织（附录 B）正在积极参与关于负责任人工智能的道德和实用设计原则的国际讨论，并已经产生了积极的影响力。然而，怀疑者则提醒说，行业领袖往往主导了专业组织，有时也被称为"企业俘获"，因此行业领袖可能会推动较弱的指导方针和标准。

电气和电子工程师协会等专业协会长期以来一直有效地支持国际标准，目前在 P7000 系列标准上所做的工作涉及自主系统的透明度、算法偏见的考虑、自动和半自动系统故障的安全设计、新闻来源的可信度评级等内容。美国计算机协会的美国技术政策委员会有几个小组专门负责解决可访问性、算法问责、数字管理和隐私问题。专业协会所面临的挑战是如何提高其成员在这些工作中的参与率。电气和电子工程师协会推出了一项自主智能系统的道德认证计划，旨在为企业制定衡量指标和认证方法，以解决透明度、问责性和算法偏差的问题。

长期以来，学术机构一直在进行人工智能的研究，但现如今，他们已经组建了一个个大型的研究中心，并促进人们对 HCAI 道德、设计和研究主题的兴趣。早期的工作，如道德问题和决策策略，已经开始被加入教育中，

但要使毕业生更深一步意识到他们工作的影响，还有许多工作要做。这些实验室及其学术机构的名称如下。

- 美国布朗大学（以人为中心的机器人计划）
- 美国哥伦比亚大学（数据科学研究所）
- 美国哈佛大学（伯克曼·克莱因互联网与社会中心）
- 美国约翰霍普金斯大学（自主性保障研究所）
- 澳大利亚莫纳什大学（以人为本的人工智能）
- 美国纽约大学（负责任的人工智能中心）
- 美国西北大学（人机交互与设计中心）
- 美国斯坦福大学（以人为中心的人工智能研究所）
- 英属哥伦比亚大学（人机交互）
- 美国加州大学伯克利分校（人类兼容的人工智能中心）
- 英国剑桥大学（莱弗休姆未来智能中心）
- 澳大利亚堪培拉大学（以人为中心的技术研究中心）
- 美国芝加哥大学（芝加哥人类与人工智能实验室）
- 英国牛津大学（互联网研究所、人类未来研究所）
- 加拿大多伦多大学（人工智能实验室的道德准则）
- 荷兰乌得勒支大学（以人为中心的人工智能）

还有许多研究实验室和教育项目致力于了解人工智能的长期影响，并探索确保其对人类有益的方法。这些组织所面临的挑战是如何通过实践来增强他们在研究方面的优势，从而衍生出更好的软件工程过程、组织管理策略和独立的监督方法。"大学–产业界–政府"这一伙伴关系可能成为采取有影响力的行动的有力途径。

负责任的行业领袖一再表示，他们希望以安全有效的方式进行研究和使用 HCAI。微软总裁萨提亚·纳德拉（Satya Nadella）提出了负责任地使用先进技术的六项原则。他写道，人工智能系统必须：

- 协助人类并保护人类工作者。
- 保持透明……道德与设计是相辅相成的。
- 在不损害人类尊严的前提下最大限度地提高效率。
- 智能隐私的设计。
- 建立算法问责机制，以便人类消除意外伤害。
- 避免偏见……因此，错误的启发式算法就不能用于不公正对待。

同样，谷歌总裁桑达尔·皮查伊（Sundar Pichai）也提出了人工智能应用的七个目标，这些目标也成了整个公司的核心理念：

- 对社会有益。
- 避免制造或强化不公正的偏见。
- 进行安全制造和测试。
- 对他人负责。
- 符合隐私设计原则。
- 坚持科学卓越的高标准。
- 可用于符合这些原则的用途。

怀疑者会认为，这些声明是企业自私自利的洗白，旨在引起公众的积极反应。然而，这些企业也会为此做出积极努力，如谷歌的内部审查和算法审计框架（参见第 20 章"内部审查委员会的问题和未来计划"部分），

但他们于 2019 年成立的一个半独立的道德审查委员会在一周内因争议而解散。企业的声明有助于提高公众的期望，但内部承诺不应成为限制外部独立监督的理由。由于企业对其社会责任的支持可能会被利润底线的压力所抵消，因此，企业和公众可以受益于知识丰富的记者或外部审查委员会所提出的质疑。

第 22 章

政府干预及法规

世界各地的政府领导人都已认识到，人工智能是经济增长、国家安全和社区安全的关键技术。虽然从原则上来讲，政府干预和管制对人工智能的发展是有所抵制的，但越来越多的人认识到政府干预和管制对人工智能的发展可能是有益的，而且是必要的（图 18.2）。虽说美国被视为人工智能研发的领导者，但英国、欧盟各国、加拿大、俄罗斯、中国、印度、韩国等其他国家也做出了很多努力和贡献。上述国家和其他国家的国家级政策概述了各自的计划，但最令人印象深刻的是，中国为下一代人工智能发展计划制定了雄心勃勃的目标，即到 2030 年成为人工智能基础研究、产品开发和商业应用的顶级中心。

中国庞大且受过良好教育的人口为国家提供了优势，使其在人工智能领域成为领导者的计划实现成为可能。中国政府集中化的国家经济政策和超过 1 000 亿美元的承诺意味着他们的计划可以产生广泛的影响。他们的计划几乎没有提及 HCAI 或负责任的人工智能，但中国科技部的一份后续文件确实提到了一些人们所熟知的 HCAI 原则，如公正、正义和尊重隐私，同时也促进了开放协作和敏捷管理。阿里巴巴、微信、腾讯、百度等中国大型互联网公司在电子商务、银行、社交媒体和通信领域取得了巨大成功，部分原因在于其在人工智能方面的实力。

中国的文化差异使他们在人工智能广泛应用领域有一些优势。中国人重视隐私，也重视群体利益。这意味着政府会收集个人信息，如医疗数据。

个人的医疗保健数据将用于支持公共卫生实践，这为所有人带来了最大化的利益。这与西方的做法形成了鲜明对比，尤其是欧盟，后者优先考虑个人并强烈保护个人隐私。同样，在中国，庞大的摄像头监控系统使地方及中央政府能够跟踪到个人。这些数据有助于建立一个国家级社会信用体系，用于衡量每个人的个人经济和社会声誉。尽管一些人认为这是一个侵入式监控系统，但它为中国构建了庞大的数据库，使人工智能机器学习算法和可扩展的实现技术能够快速发展。

然而，美国在其学术中心、当前主导多个市场的大公司、创新的创业文化方面拥有强大的资产。来自 2019 年美国白宫报告的一份高层政策声明强调了"确保人工智能系统的安全和保障，了解如何设计出可靠、安全、值得信赖的人工智能系统"的必要性。该报告强调了实现这些目标的研究，但没有描述或建议与人工智能管理或部署相关的政策或监管行动。此外，一份相关的报告进一步回避了政府监管："私营部门和其他利益相关者可能会制定与人工智能应用程序相关的自愿性共识标准，并提供非监管的方法来管理与人工智能应用程序相关的风险，该方法可能更适应快速发展的技术的需求。"虽然这些声明表明了过去对监管的抵制，但政策可能会发生变化。

布鲁金斯学会的达雷尔·M. 韦斯特（Darrell M. West）和约翰·R. 艾伦（John R. Allen）详细地回顾了美国政策的制定过程，指出了人工智能在意向性（形成目标的能力）、智能性（接近或超过人类能力的认知功能）和适应性（根据新数据改变行为的能力）方面的显著特征。作者认为这些技术与过去已经明显不同，因此需要政府的新举措。他们就负责任的人工智能、透明度和道德原则的必要性提出了熟悉的论点，但当通过人工智能影响评估和联邦机构相应利益相关者的顾问委员会来支持监督时，他们的言论变得更强有力。虽然他们的建议非常笼统且没有针对性，但他们是为 HCAI 发声的，"需要有渠道让人类对人工智能系统进行监督和控制。"

政府研究机构的领导人已经开始抉择应该支持什么样的人工智能研究。美国国家科学基金会为国家级人工智能研究所提供了 1 亿多美元的项目经费，旨在加快"领域研究、社会转型和增加美国劳动力"。提案建议书要求调查人员在开展"使用启发型研究"的同时，解决基础人工智能研究，以推动科学和工程相关部门、经济部门或社会需求的创新，同时与工业伙伴、公共政策制定者或国际组织等外部利益相关者合作。

这一愿景颠覆了美国国家科学基金会的大部分历史布局，该基金会在万尼瓦尔·布什（Vannevar Bush）于 1945 年的宣言《科学：无尽的前沿》（*Science, the Endless Frontier*）的指导下，主张研究资金应受好奇心驱动，而不是专注于社会需求。虽然布什具有广泛影响力的宣言受到了许多人的挑战，但该宣言仍然是许多研究人员心中的一块坚定的磐石，研究人员试图将自己从实践者、社会需求和政策话题中分离出来。

鼓励人工智能的研究人员强调使用启发型研究，这一观点与越来越多的人所意识到的好处是一致的，所以应该与非学术组织及其研究人员进行合作。当人工智能研究人员与那些接近现实驾驶问题的人合作时，基础研究的质量才会提高，对社会的好处也将随之增加。先进社会影响研究中心、HIBAR 研究联盟、大学 – 产业示范伙伴关系等不同组织支持这些原则，而越来越多的证据表明这种伙伴关系的影响力正在增强。

国家级人工智能研究所的美国国家科学基金会项目将"人类与人工智能的互动与协作"作为其八个主题之一。该项目支持以人为中心的设计，鼓励关注道德、公正、隐私、非欺骗、可解释性、保护弱势及受保护人群、参与性及包容性设计，从而开发可信赖且安全的 HCAI 系统。

许多国家、地区联盟和国际组织也在资助研究和解决人工智能政策影响。加拿大政府通过采取算法影响评估的方式促进开发人员负责任地使用

人工智能，以降低部署自动化决策系统的相关风险。

欧洲国家，尤其是英国、法国、德国和意大利，已经提出了声明，也基本与欧盟的报告保持一致。欧盟《通用数据保护条例》对"解释权"的要求，本书已在第 19 章 "可解释的用户界面" 一节中进行了讨论，几乎涵盖了所有行业，但越来越多的人意识到，针对特定行业的监管可能更合适。英国的皇家学会建议，现有的行业特定机构应该解决人工智能系统问题，而不是 "为机器学习的所有用途制定一个总体框架"。英国信息专员办公室和艾伦·图灵研究所提出了一项有用的策略，即发布一份关于机构应如何制定其行业特定政策的深度分析指南。

欧盟委员会关于人工智能的白皮书为开发人员和管理人员提出了监管方法及具体清单。欧洲的高级专家组经过不懈努力，强调了值得信赖的人工智能的七项原则：

①人力代理和监督；

②技术稳健性和安全性；

③隐私和数据管理；

④透明度；

⑤多样性、非歧视性和公正性；

⑥环境和社会福祉；

⑦问责性。

目前人工智能系统的开发人员和部署人员可自愿使用上述原则。

经济合作与发展组织制定了一套 "负责任地管理可信赖的人工智能的原则"，将其工作定义为以人为中心的方法，这是区域联盟能够取得成就的一个示例。这些原则得到了包括 19 个国家和欧盟在内的 20 国集团（G20）

的支持，以促进经济发展和金融稳定，随后又得到了 50 多个国家的支持，使其成为被最广泛共享的原则。2019 年 5 月通过的经济合作与发展组织的 HCAI 原则以包容性增长、可持续发展、福祉、透明度、可解释性和问责性等人们熟悉的价值观为起点。除此之外，经济合作与发展组织的这些原则鼓励政策制定者投资于研究与开发、培养人类能力、应对劳动力市场转型和促进国际合作。

经济合作与发展组织原则的制定者认识到，需要采取后续行动来传播信息、跟踪执行情况、监测结果。2020 年，他们建立了一个政策观察站，其中包含 60 个国家和地区的情况，以跟踪其政策举措、预算和学术研究。然后，通过加拿大和法国的伙伴关系，经济合作与发展组织提出了人工智能全球伙伴关系倡议，以鼓励政策制定者遵循这些原则。

国际倡议，尤其是通过联合国发起的倡议，也可以增加 HCAI 国家级政策相关工作的成效。通过监控 1970 年的《核不扩散条约》（Nuclear Non-proliferation Treaty），联合国被普遍视为管理原子能的积极推动力。联合国国际原子能机构向签署该条约国家和地区中的大多数国家和地区派出检查员，核实他们是否使用核设施反应堆生产核武器。批评者指出，即便在大规模削减之后，世界上仍然有 20 000 多件核武器，尽管自 1945 年以来没有一件被用于战争。另一个令人担忧的问题是，少数有核活动的国家尚未签署该条约，因此仍然存在使用核武器的严重威胁。

联合国作为 HCAI 潜在监管者的角色源自其在卫生、通信、食品、农业等其他技术方面所做出的国际努力。联合国的国际电信联盟在其年度 AI for Good 全球峰会上积极地讨论人工智能的话题。该活动的重点是支持联合国的 17 项可持续发展目标（图 1.1），但国际电信联盟迄今为止所做出的努力只是将研究人员、企业领导人和政府决策者聚集在一起讨论其工作成果。在致命性自主武器系统等问题上，联合国也没有进行执法或监管方面的工

作。取缔致命性自主武器系统的工作进展缓慢，这受制于反对国家对防御性和进攻性武器态度的分歧，并加大了制定可执行政策的困难。相关机构必须采取类似于国际原子能机构所采取的更有力的措施，使联合国在 HCAI 方面发挥作用。

这里可能只以个别国家作为执法或监管方面的示例。在美国，政府机构已经在改进自动化系统方面发挥了关键作用，因此他们可以开始解决 HCAI 系统问题。长期以来，美国国家运输安全委员会一直是值得信赖的航空、船舶、火车等其他灾难的调查机构，一部分原因是美国国会资助其作为一个独立机构，且它独立于通常的行政分支部门之外。该委员会派遣了技术精湛的团队抵达事故现场收集数据，这些数据是深度报告和改进建议的依据。

例如，美国国家运输安全委员会就 2016 年 5 月特斯拉的致命事故报告批评了制造商和运营商"过度依赖自动化，缺乏对系统局限性的理解"。该报告建议，未来的设计应包括"一组标准化的可检索数据……以独立评估自动驾驶车辆的安全性，并促进自动化系统的改进"的审计跟踪。此外，该报告提醒说："这次事故是一个例子，说明在没有充分考虑人为因素的情况下，将'因为我们可以'这一观念引入自动化时可能发生的情况。"

致命的汽车事故引起政府监管部门的关注是合情合理的，因为此类事故的发生次数过多，而飞机失事受到调查是因为死亡人数过多。政府干预和法规也可适用于医疗设备生产、制药制造、医疗保健或老年人护理设施等生命攸关的领域。

相关企业对政府监管的抵制是可以理解的，但对于重要和生命攸关的应用领域而言，某种形式的独立监管似乎可能会减少危害并加速产品和服务的持续改进。此外，对金融和授信等重要应用系统的监督非常重要，因为受影响的群众基数大。对于轻量级的推荐系统和消费者应用程序，政府监管可以是适度的，除非这些监管是用于限制竞争或帮助弱势群体，如残障人士、儿童或老年人用户。

怀疑者还指出了对政府机构的"企业俘获"，即与政府机构工作人员关系密切的企业领导人任命于本行业的监管机构。这些在政府工作的企业领导人可能是见多识广的专业人士，但许多人质疑他们是否会采取强硬立场，从而激怒他们的前同事。

美国国家算法安全委员会的概括性提议已经引发了讨论，但将 HCAI 的专业知识添加到现有的监督、监管机构是一种更实际的方法。这是有道理的，因为现有的监管机构将推动并扩大其监督作用，也因为政策需要适应不同行业的需求。而这正是一些美国政府机构在审查 HCAI 项目时所做的。

一个很好的例子是美国食品和药物管理局，该管理局起草了一份经过深思熟虑的计划，对重症监护病房和皮肤病变图像分析应用等医疗设备中的人工智能和机器学习软件的更新进行监管，并征求讨论这些方法如何"能够实时调整和优化设备性能，以持续改善患者的医疗保健状况"，并认识到食品和药物管理局必须采取行动"确保到达用户的技术是安全且有效的"。

类似地，美国联邦航空管理局软件和系统分部一直在处理座舱系统中的自适应软件，该软件基于人工智能，可以根据飞机传感器的当前数据改变其行为。支持者们发现该软件可以提高飞机安全性能，但飞行员、空中交通管制员和监管机构则担心软件会造成不可预测的行为。欧盟航空安全局在 2020 年发布了一份"以人为中心的航空人工智能方法"的 15 年路线图，该路线图强调了基于问责、监督和透明度的可信度的必要性。

从 2019 年开始，美国国家标准与技术研究所在评估人工智能可信度和可解释性方面发挥了重要作用。该研究所组织的研讨会以及报告、网站提供了有用的信息。另一项重大努力是美国国家安全委员会关于人工智能的最终报告，该报告就通过大幅扩大人工智能系统的研究与实施以支持国家安全发展提出了大量建议。这份报告警告了美国与中国的竞争形势，试图保持美国在人工智能领域的领导地位，但如果赋予伙伴关系、合作方和外交领域更多的信任，人工智能会更强大。该报告提出了实施潜在监管、监督、教育以及大幅增加资金的方向，以追求可解释性、可视化和增强型人机交互。

另一个活跃在人工智能和算法领域的美国政府机构是联邦贸易委员会。该委员会声称熟悉自动化决策，这可以追溯到其在 1970 年《公正信用报告法案》（Fair Credit Reporting Act）中的工作，因此该委员会声称已经准备好应对人工智能和机器学习。联邦贸易委员会打击不公正和欺骗性行为，向金融和信贷发放公司提出强烈且明确的建议，要求他们必须公开透明，且能够向被拒绝提供服务的消费者解释其基于人工智能的决定。他们的公司指南指出："这意味着必须知道在模型中使用了哪些数据，以及如何利用这些数据来做出决定。必须能够向消费者解释这一点。"怀疑者可能会质疑这些指南的执行力度，但公司网站提供的数据和可视化报告显示，在过去两年里，700 多万消费者获得了超过 10 亿美元的回报。

大型科技公司的批评者对基于人工智能的监控系统表示担忧，因为这些系统使用面部识别技术并大量分析个人数据集，这一行为侵犯了个人隐私。哈佛商学院教授肖珊娜·祖波夫（Shoshanna Zuboff）等人用"资本主义的监视"这一术语来描述大公司，尤其是脸谱网和谷歌，他们通过出售定向广告从其庞大的个人数据资源中获利。他们的人工智能算法颇有成效，尤其是在利用个人数据预测何种群体会购买产品、回应政治广告或分享假新闻等方面。

祖波夫声称，大型科技公司的商业模式建立在侵犯隐私、秘密说服读者、暗中减少其选择的做法之上的。HCAI 设计策略可能会为用户提供更好的用户界面，并让用户在保护隐私方面有更清晰的选择，这样就可以限制大型科技公司收集有关数据，并且可以更容易地控制呈现给用户的信息。然而，正如祖波夫指出的那样，如果给予用户更多的控制权，这些公司的商业模式将会受到动摇，例如当苹果公司允许用户限制发送给脸谱网数据时，脸谱网的激烈反应就证明了这一点。虽然欧盟已采取措施对其中一些公司进行监管，但英国和美国仍不愿使用其监管权力。

许多人工智能行业的领袖和政府政策制定者担心政府监管会限制创新，但如果谨慎行事，监管可以加快创新，就像在汽车安全和燃油效率方面所做的那样。美国行政部门管理与预算办公室主任拉塞尔·T. 沃特（Russell T. Vought）在一份美国政府备忘录中提出了"管理人工智能应用程序"的十条原则。该备忘录建议："私营部门和其他利益相关者可能会制定与人工智能应用程序相关的自愿性共识标准，提供非监管的方法来管理与人工智能应用程序相关的风险，该方法可能更适应快速发展的技术的需求。"

白宫发布于 2020 年的一份报告旨在"确保指导人工智能开发和使用的法规能够支持创新，而非负担"。这些原则是"确保公众参与、限制过度监管、促进可信赖的人工智能"。沃特后来更新了他的备忘录，重申了监管的有限作用："联邦机构必须避免不必要地阻碍人工智能创新和发展的监管或非监管行动。"另一方面，政府有必要保护公众免于被有偏见的系统和监管的俘获，在这些体系中，行业倡导者设置了微弱的监管。在尚未对社交媒体平台进行监管情况下，仇恨言论、虚假信息、人种和种族攻击得以广泛传播，因为社交媒体服务于平台的商业利益，而非公共利益。在一些国家，地区、州或地方政府可能会在尝试新想法方面发挥其影响力，并成为有价值的先例。未来可能会对使用 HCAI 系统的公司及其行为加强监管，以确保公正的商业行为，促进消费者的安全使用，并限制虚假信息和仇恨言论。

第 23 章

总结及怀疑者的困境

> 一旦算法——尤其是机器人技术——在世界上产生影响，就必须对其进行监管，其程序员必须为其造成的危害承担道德和法律责任……只有具有足够专业知识和能力的人类审查人员才能发现、消除和转移大部分危害。
>
> ——弗兰克·帕斯夸莱（Frank Pasquale），《机器人新定律》（*New Laws of Robotics*）

以人为中心的人工智能系统代表了一种新的跨领域交叉方法，提高了人类表现和人类经验的重要程度。为创建可靠、安全、可信赖的系统，15条管理架构方面的建议将使设计师能够将广泛讨论的道德原则转化为大型组织的专业实践，并附有明确计划。这 15 条建议被总结为管理架构的四个层面：基于成熟的软件工程实践的可靠系统；通过业务管理策略营造的安全文化；通过独立监督获得可信赖的认证；政府机构的监管（图 18.2）。

这些不同的关注点意味着可以吸引来自不同学科的研究人员和从业人员，从而更有可能取得成功。如果行业领导者超越对公正、透明、问责、安全和隐私的积极声明，支持具体的实践，并成功地解决许多观察人士的真正关注点问题，那么 HCAI 系统将受到欢迎。公正说起来容易，但很难保证，尤其是在不断变化的使用环境下。透明度可以通过允许访问代码来展示，但是实际程序的复杂性使得人们难以知道或不可能知道程序将完成什么。除了防止故障之外，企业领导人还应该致力于提高人类的自我效能、鼓励创造力、明确责任并促进社交关系。领导人应该认识到，公正、透明等其他属性是竞争优势，未来将越来越受重视。

拟定的治理结构将面临诸多挑战。没有哪个行业会把所有的 15 条建议落实到这四个层面。每项建议都需要研究和测试以验证其有效性，并根据每项建议实施的实际情况进行改进。此外，真实的 HCAI 系统组件来自不同的供应商，这意味着一些建议可针对组件完成，如软件、数据和用户体验测试，但对于一个完整的系统来讲可能更困难。正规方法和全面测试可能适用于安全气囊展开的算法，但独立的监督审查可能与自动驾驶汽车系统更相关。

正如每个家庭会随着时间的推移而不断发展一样，HCAI 系统将适应不断变化的愿望和需求。适应性将整合新的 HCAI 技术、不同应用领域的需求以及所有利益相关者不断变化的期望。

联合国国际电信联盟及其 35 个联合国伙伴机构的活动证明了全球对 HCAI 系统的兴趣。他们寻求将人工智能应用于 17 个有影响力的联合国可持续发展目标，所有这些目标都将技术发展与行为改变相结合，以改善医疗、健康、环境保护和人权。经济合作与发展组织的政策观察站、迈克尔·杜卡基斯人工智能和数字政策中心跟踪了全球在 HCAI 系统方面所做的努力，该中心每年发布一份社会契约指数，其记录了 25 个国家为 HCAI 系统推行民主政策的情况。

人们对道德、社会、经济、人权、社会正义和负责人设计的巨大兴趣，对于那些希望看到 HCAI 应用于社会公益和保护环境的人来说，是一个积极的迹象。怀疑者担心，糟糕的设计将导致失败、偏见、隐私侵犯和不受控制的系统，而恶意行为者将滥用人工智能的权力来传播虚假信息、威胁安全、扩大网络犯罪、扰乱公共事业服务。在讨论致命性自主武器系统、民

主制度的破坏、种族偏见和资本主义的监视时，出现了更可怕的预测。微软公司的凯特·克劳福德（Kate Crawford）等批评者认为，人工智能的榨取本质威胁到了环境，助长了不健康的工作条件，并亏待了用户。

这些都是值得充分关注的严重问题，但善意的研究人员、商界领袖、政府警察官员和公民社会组织的积极努力，表明有可能产生更积极的结果。新的跨领域交叉研究方法可能需要几十年的时间才能被广泛应用，但以人为中心的设计思维可以帮助构建成功的未来社会，在这个社会中，人权、正义和尊严的价值将得到提升。本书致力于培养积极的心态和建设性的行动，以支持人类实现自我效能、创造力、责任感和社交关系。

第五部分

我们将何去何从？

本书的主要内容是理念框架（第二部分）、设计隐喻（第三部分）和治理结构（第四部分）。这些内容阐明了以人为中心的思维将如何通过可靠、安全、可信赖的系统，实现强大人工智能算法的广泛应用。

人工智能从专注于算法扩展到涵盖用户体验设计方法，实践者和研究群体开始定期讨论道德、负责任的人工智能、公正性、可解释性等其他话题，设计师也越来越倾向于使用 HCAI 的框架来指导设计，从而同时实现高度人工控制和高度自动化。良好的设计隐喻通常结合了为某些任务带来可靠自动化的特性和为其他任务带来面向用户的控制面板的特性。商业领袖和政策制定者开始认识到 HCAI 治理结构所带来的竞争优势，因为可靠、安全、可信赖的系统才会受到用户的重视。治理结构的全球实质性兴趣正在转变为区域组织、国家、行业领袖和公司管理者采取的可执行政策。

未来 HCAI 产品和服务的研发有很多吸引人的方向。第 24 章提出了几个 HCAI 项目及其后续步骤，并通过课程、指南和成功案例为学术界、工业界、政府和非政府组织采用 HCAI 方法提供支持。

第 25 章提出了 HCAI 系统可信度的评估和其他广泛讨论的属性的核心挑战。当客观衡量无法达成时，利益相关者认知的主观衡量更值得考虑。第 26 章将本书的观点运用于照顾老年人并向老年人学习之中。第 27 章将进行总结，并重申本书的目标。

第 24 章

推动 HCAI 前行

> 摆在我们面前的真正问题在于：这些工具是否能延长生命并
> 提升其价值？……机器本身提不出要求，也不会做出承诺：提出
> 要求并信守承诺的是人类的灵魂。
>
> 刘易斯·芒福德,《技术与文明》

将人工智能思维扩展到涵盖 HCAI 方法是本书的核心目标。该目标意味着收集用户需求、遵守设计指南、对用户进行迭代测试以及产品或服务发布后的持续评估。将这些方法纳入教育和实践，需要学术界、商界、政府和公民社会组织多方的持续努力。本章将从几个研究和开发项目所面临的挑战的示例开始，随后为大学、企业和政府提供了加快采用 HCAI 的方法。

研究方向

HCAI 这一话题提供了鲜明的研究可能性和应用环境，并向许多吸引人的方向扩展。面向技术的研究人员希望改进深度学习算法及其变体，而面向社会的研究人员希望减少偏见，以确保公正、精确、可用的系统。道德学家将提出新的解释，实践者将为开发人员构建更好的工具，政策制定者将制定国家议程，机构工作人员将梳理现有的执行规则和法规，资助机构将选择有前途的研究计划。

联合国的 17 个可持续发展目标和美国国家工程院的 14 个重大挑战吸引了许多研究人员，新目标的提出是有规律的。英国于 2021 年宣布了一系列"大挑战"（Grand Challenge）任务，涉及四个主题：人工智能和数据、老龄化社会、清洁发展、未来出行。加拿大、日本、韩国、德国等地也宣布了包含 HCAI 这一话题的"大挑战"任务。另外，基因组研究、癌症预防、太空探索和环境保护等领域的领导者也提出了"大挑战"。非营利组织也提出了同样的"大挑战"，如比尔·盖茨基金会和 XPRIZE 基金会。

几十年来，人类面临着诸多"大挑战"，例如如何利用受控的聚变反应发电、如何利用天气控制带来降雨或停止降雨、如何减少抗生素耐药性等，所有这些都可以从人工智能算法和 HCAI 设计中受益。新提出的"大挑战"需要利用 HCAI 优化风力涡轮机、太阳能电池板、电动汽车充电网络和其他应对气候危机的技术。

可从 HCAI 中受益的三个挑战是：推进民间科学、阻止虚假信息传播、为重大疾病寻找新的治疗方法和疫苗。这些应用情景将包括人工智能算法和 HCAI 设计，以一种自然的、几乎不可见的方式，使数十亿人从中受益，人们甚至可能没有意识到自己正在使用这些先进技术，这是常见技术的预期前景的一部分。就像用户认为许多设备中嵌入了计算机芯片一样，他们也会假设人工智能算法和设计良好的 HCAI 超级工具、远程机器人和有源设备将按照其预期工作，他们会更多地考虑想做什么，而不是正在使用的技术。

推进民间科学

环境问题与那些自称为民间科学家的人尤为相关。在任何地方生活的普通人和一些杰出人士都可以为研究项目做出贡献，其部分动机是出于学习的目的，部分是出于希望对群体以及宏伟事业有所贡献。他们参与的项目多种多样，从自然科学到生物化学，从历史学到人类学——只要你能说出名字，就可能有一个以此为重点的民间科学项目。通常情况下，这些项目是由科学家或其他专业人士与自愿帮助收集和分析数据的公民一同组织的。现在，越来越多的民间科学家参与项目的规划和管理，并撰写公开报告和学术论文。

民间科学项目成千上万，有些因其规模和持续时间而表现突出，例如康奈尔大学的 eBird 项目，该项目有超过 1 亿份关于鸟类观察、行为和迁徙的报告。牛津大学的动物宇宙计划（Zooniverse）支持了 100 多个项目，动物宇宙计划从星系动物园（Galaxy Zoo）项目开始，标记了 15 万张螺旋星系团和球状星系团的图像。加州大学伯克利分校信息学院的三位硕士研究生内特·阿格林（Nate Agrin）、杰西卡·克莱恩（Jessica Kline）和上田肯一（Ken-ichi Ueda）于 2008 年启动了 iNaturalist 项目，以收集生物多样性的数据。三位研究生的付出开花结果，并与加州科学院和美国国家地理学会发起了一项联合倡议。到 2021 年 2 月，iNaturalist 项目的社区成员超过 300 万名，并收集了 32 万多种物种的 6 000 万份报告。这三项数据中的每一项都促成了同行评议的数百篇科学论文和大众媒体上的无数故事。截至 2021 年 6 月，美国联邦政府及其机构通过国家公园管理局、国家海洋和大气管理局、国家航空航天局和国会图书馆等不同机构已经支持了 491 个民间科学项目。他们的标语是"通过公众参与帮助联邦机构加速创新"。

即使在低成本、功能强大的计算机时代，处理民间科学项目的大量数据也是一个挑战。那么，这些项目如何确保提供高质量、可靠的数据，同时为成千上万贡献时间和精力的民间科学家提供丰富的经验呢？该问题的答案是将公民的技能与人工智能的力量相结合。当然，这已经在一些项目中实现了，例如使用计算机视觉和深度学习算法来识别相机陷阱照片中的动物种类、计算飞过头顶的鸟的数量、从单个树叶的照片中识别树木。此外，更具体的项目任务是通过独特的黑白条纹来识别斑马，或通过藤壶、背鳍、吸虫形状和尾巴标记图案来识别鲸鱼。这些创新是有希望成功的，但将研究原型转变为可被大量民间科学家在不同环境下可靠地使用的超级工具仍有待实现。

声音识别技术是一项不断发展的技术，该技术可通过鸟类的鸣叫来识别物种，并理解鸣叫的含义。类似地，鲸鱼和海豚的哨声可以用来追踪这些哺乳动物的特定个体及群体的运动，下一步工作自然而然就是在最初的工作基础上理解海豚群的语言和对话，然后通过人工智能生成的哨声与它们互动。与动物对话似乎是一个完美的"大挑战"，因此我们能够对自然世界有更多的了解，并更清楚地了解人类的能力和局限性，例如了解驯狗师和"马语者"如何在与动物相处时建立融洽关系。

用于移动设备的应用程序 Seek 旨在启发孩子们观察共享世界里的植物和生物，识别并更多地了解它们（图 24.1）。该应用程序是 iNaturalist 应用程序和网站的儿童版本，但与 iNaturalist 不同的是，Seek 不需要注册，也不收集用户的数据，所以孩子们不会受到隐私侵犯和不必要的麻烦。Seek 是由博士生、iNaturalist 的兼职科学家格兰特·范·霍恩（Grant Van Horn）设计的，其所开发的人工智能算法可为 Seek 提供驱动。这些人工智能算法基于图像分析、地理位置和时间，并利用 iNaturalist 人群来源、分类物种数据的庞大数据库，预测孩子用智能手机摄像头所观察的生物。Seek 通常有几个选择建议，邀请孩子将其与看到的植物、真菌或动物比较，并选择可能的匹配，但该应用程序有时只能匹配种类，有时只能提供一个正确的图像。

民间科学项目的研究人员想要了解是什么让不同群体的人（例如，老人和年轻人、男人和女人、富人和穷人）不仅只是加入一个项目，而且在几个月甚至几年里都很活跃。iNaturalist 的排行榜显示，参与者在一年内贡献了 6 000 多条观察结果，审阅这些观察结果的专家在一年内确认了 40 000

图 24.1　iNaturalist 的民间科学应用程序 Seek

注：图中的真菌被鉴定为伞菌纲。

多条帖子。民间科学家的热情投入表明了他们对这些项目的重视。同样，维基百科社区也有数万名编辑者参与撰写、改进和删除文章，造福了数亿读者。这些和其他大型项目的数据分析将阐明，更好的 AI 和 HCAI 设计如何帮助挖掘"大挑战"项目的巨大参与潜力。

　　一些民间科学活动正在扩展，不仅限于成为发表学术论文的大型研究团队。许多民间科学家担心生物多样性因物种灭绝和动物数量急剧减少而逐步丧失，尤其是在过去 30 年里。昆虫，如蜜蜂，遭受了群落瓦解，非洲象的数量也从 1930 年的 1 000 万头下降到今天的不足 40 万头。利用机器学习、传感器数据分析和图像识别的 HCAI 系统有助于扭转这些趋势。这些技术使民间科学家能够追踪动物的活动，监测环境污染物，并防止偷猎。在致力于环境问题的社交媒体影响者的推动下，恢复栖息地或重新野生化将需要更加协调一致的努力。

　　想象一下，民间科学的努力在未来 10 年内增长了 10 倍，教育了许多人，培养了一些积极分子，民间科学让他们都参与到研究中来，并组织他们为水的清洁、空气的清洁、生物多样性和环境恢复而奋斗。因此，何种HCAI应用形式能够帮助他们找到合作者、组织游说活动以改变国家政策，并影响投资者支持那些商业模式保护环境的公司？

阻止虚假信息传播

使用社交媒体的风险之一是虚假信息的广泛传播及其关联问题，如阴谋论、仇恨言论和欺凌。减缓或阻止虚假信息传播的过程通常被称为内容审核，但这是一项艰巨的任务，因为每天都有数十亿条帖子。在新冠疫情期间，以假乱真的虚假信息和相关故事导致许多人抵制且不愿遵循科学指导，如保持社交距离、佩戴口罩、接种疫苗。虚假信息往往很吸引人，因此社交媒体用户的传播速度比政府卫生官员或新闻媒体的准确报道更迅速。新算法生成了"深度伪造"的图像、声音和视频，将知名人物插入抗议集会，制造虚假的声明，并通过庞大的"机器人农场"（bot farms）传播，令数百万台计算机发布和分享数十亿条信息。

脸谱网、照片墙、油管、红迪网和推特等社交媒体平台都在努力识别并阻止虚假信息，但其努力可能会因为这样一个事实而放缓，即受益于虚假信息引起的参与度提升。脸谱网等其他平台使用的人工智能算法的特点是，获得大量点赞或分享的帖子，其传播速度更快。尽管批评人士游说社交媒体平台加大内容审核力度，但政府施加的压力一直不足。这些政策制定的挑战在于言论自由与维护平台安全的平衡。

欧盟于2018年颁布的《反虚假信息的行为守则》将虚假信息定义为"可核实的虚假或误导性信息"，旨在获取经济利益、欺骗或"威胁民主政治和决策过程以及保护欧盟公民健康、环境或安全等公共利益"。

脸谱网与独立的国际事实核查网络等其他组织合作，共同完成一项艰难的任务，即判断社交媒体的帖子是虚假信息还是仅仅是受保护的意见。阿隆·哈维（Alon Halevy）及其脸谱网团队描述了所面临的数十个问题，其中包括煽动暴力、虚假新闻、仇恨言论、性引诱、侵犯知识产权等。当危险的虚假信息被发布时，社交媒体平台会尽可能快地删除或压制以减少其传播，但当每天有数十亿条帖子发布时，任务就变得艰巨了。如果恶意行为者和一些政府积极传播虚假信息，并利用数万个虚假账户在几分钟内反复发布该虚假信息，这项任务就会变得更加艰难。

哈维的团队写道："让违规内容保留在网络上，可能会对个人和社会造成非常严重的后果。因此，宁可增加调用次数以确保机器学习的完整性，然后内容审查员再做出最终决定。"这种算法与人类决策相结合的方法非常契合 HCAI 的本质。检测并删除这些虚假账户有助于减缓虚假信息的传播，但传播虚假信息的人力资源日益增长，阻碍了平台的进展。

脸谱网成立了一个监督委员会，该委员会由 40 名享有声望的国际成员组成，帮助并指导公司做出艰难的决定，在言论自由与停止仇恨言论、欺凌、煽动暴力和有害的虚假信息之间取得平衡。虽然脸谱网向该委员会提供了资金和内容删除的权力，但怀疑者质疑其独立性，因为委员会成员是由脸谱网挑选的。

据称，社交媒体上的虚假信息是剑桥分析公司（Cambridge Analytica）于 2016 年在印度、巴西、英国和美国干预选举的一部分。2018 年，脸谱网总裁马克·扎克伯格（Mark Zuckerberg）在美国国会作证时承诺，人工智能"将成为识别和根除大部分有害内容的可扩展方式"，但这些问题仍然存在。脸谱网每年两次的社区标准和执行报告描述了内容被删除、被事实核查或被压制的频率、申诉次数，以及申诉后内容恢复的次数。这一记录很有帮助，但脸谱网抵制压力，不愿意更积极地清除虚假信息和匿名机器人账户。

虽然删除所有攻击性的帖子是不可能的，但减缓这些帖子的传播和封禁匿名机器人账户是件值得努力的事情。然而，社交媒体平台需要付出多少精力，以及什么样的监管压力才能让脸谱网改变其商业模式，这些问题仍然存在。《推特规则》（Twitter Rule）和《油管社区指南》（YouTube Community Guideline）是社交媒体平台进一步努力防止多种形式的虚假信息的例子。推特决定停止传播政治广告，这是降低选举干扰的积极举措。

阻止虚假信息的两个正面示例表明是有可能的取得进展。第一个正面示例是谷歌公司，谷歌公司同那些试图利用搜索引擎算法将餐馆、商店或产品推广到谷歌搜索结果页面顶部的人进行了一场斗争。狡猾的企业所使用的一个简单策略是在其网站上无形地重复公司或产品名称几十次，而更复杂的策略是雇佣机器人留下正面评论并链接到该网站，使从表象上比实际情况更受大众欢迎。谷歌指派了 3 000 多名员工开发了复杂的算法来对抗这些商业欺骗行为，因为谷歌有强大的动机来确保其搜索结果是可信的。第二个正面的示例是脸谱网的德国团队，德国的反极端言论法律得到了强有力的执行。起初，脸谱网在阻止发表极端言论的帖子方面变现不佳，遭到了 200 万欧元的罚款，虽然这只是脸谱网收入的一小部分。然而，恶意的宣传和更大数额罚款的威胁促使脸谱网聘请了 100 多名内容检查员，并使用越来越复杂的人工智能算法来检测极端言论。

其他煽动暴力的极端言论发生在缅甸、埃塞俄比亚、印度等其他国家。极端言论和虚假信息在煽动 2021 年 1 月 6 日美国国会大楼叛乱中发挥了重要作用。关于唐纳德·特朗普总统选举失败的谣传，如声称选举舞弊、投票机器被操纵、选票丢失等，激怒了暴力抗议者，他们冲进国会大厦，阻止选举认证程序，造成 5 人死亡。

人们相信互联网、万维网和社交媒体会给边缘化的声音以更大发言权，这一信念已经实现，但当恶意行为者利用这一权利时，可能会伤害个人，对整个社区造成致命影响，并对原本稳定的政府造成威胁。为了化解公众安全的争论，我们需要更有效的算法和更好的人类控制。虽然匿名一直是互联网服务的一个重要原则，但也受到了一些要求的制约，例如脸谱网规定，用户必须用"日常生活中使用的名字"注册，且只能有一个身份信息。然而，这些规则经常被违反，因此更严格的执法力度和更大的个人责任可能有助于减少滥用。

如果社交媒体平台要对其网站上推广的有害和非法活动承担责任，那么这些平台就会变得更加可靠、安全和可信赖。这一问题规模巨大且尤为重要，其威胁着现有的政府、公司和个人。阻止虚假信息的传播需要研究人员、开发人员以及政府和企业领导人的大量投资和创造性贡献。

寻找重大疾病新疗法和疫苗

新冠疫情引发了全世界的关注，即如何为感染者寻找治疗方法和疫苗研发以预防感染。这个问题的基础是需要了解氨基酸链的 DNA 序列是如何生成具有独特三维结构的蛋白质。蛋白质是以线性方式合成的，然后根据成百上千个氨基酸之间的吸引力和排斥力，以不可预测的方式折叠起来。在几毫秒内，这些氨基酸折叠成螺旋状、片状等其他结构，这些结构决定了每个蛋白质的生物特性。

DeepMind 是谷歌在伦敦的子公司，该公司开发了 AlphaFold 以及大幅改进的 AlphaFold 2，可预测成百上千个氨基酸的线性链如何折叠成三维蛋白质结构。50 多年来，这一直是一个巨大的挑战，但是在一个名为"蛋白质结构预测技术关键评估"（简称 CASP）的年度竞赛中，AlphaFold 2 的表现已经超过了其他方法。AlphaFold 2 的深度学习程序是在一个包含 17 万个蛋白质的数据库上训练的。到 2020 年 11 月，AlphaFold 2 对 CASP 竞赛中三分之二的蛋白质进行了可靠的预测，在 97 个目标中的 88 个目标上击败了其他竞争对手。这一成功的反应非常热烈，诺贝尔奖得主、结构生物学家文卡·拉马克里希南（Venki Ramakrishnan）称 AlphaFold 2 的成功是"蛋白质折叠问题上的惊人进步"。

随着生物医学研究人员努力了解分子结构如何影响生物过程，例如病毒如何入侵细胞膜，其影响仍在不断显现。准确的蛋白质折叠结果是开发治疗方法或疫苗过程中的一大步。这是人工智能深度学习算法的一个重要成功，接下来将由生物医学研究人员和药物开发人员探索已知药物如何与病毒分子发生反应。

寻找候选治疗方法和疫苗是重要的第一步，但是需要 HCAI 方法和可视化工具来分析来自人类随机临床试验的数据。当统计方法与可视化相结合，发现数据质量错误、异常模式和重要异常情况时，数据分析就取得成效了。这些随机临床试验对处于生命不同阶段的不同人群的治疗方法和疫苗的有效性和安全性进行了评估，这些人往往患有可能引发致命副作用的其他疾病。因此，生物医学研究人员需要了解与其他药物的相互作用，以及孕妇或幼儿的特殊需要，以便找到最佳治疗方法和研制成功的疫苗。

随着世界上越来越多的人开始期待更好的医疗保健以延长预期寿命，对预防和治疗疾病的期望和需求也会随之增加，包括癌症、心肺问题以及各种形式的细菌和病毒感染。提高贫困地区的生活水平和医疗保健将需要创造性的低成本和易于实施的预防和治疗。解决这些问题还需要创造性的方法，并用该地区的语言进行教育和宣传，同时注意文化差异。通过结合有关提升民间科学和减少虚假信息的经验教训，以人为中心的方法也许可以提高人们对个人、社区和地区领导人如何改善健康、预防疾病的认识。

随着问题和期望的增加，新的重大挑战将定期出现。对于研究人员来说，持续不断的好奇心是几十年后重大突破的基础。在某些情况下，这当然是正确的，但一个越来越受欢迎的选择是，当研究人员与实践者就实际问题进行合作时，基础研究的重大突破会更经常发生。普林斯顿大学政治学家唐纳德·斯托克斯（Donald Stokes）在《巴斯德的象限：基础科学与技术创新》（*Pasteur's Quadrant: Basic Science and Technological Innovation*）一书中推广了这一观点。斯托克斯描述了路易斯·巴斯德（Louis Pasteur）在帮助奶农保持牛奶新鲜度的工作中发明了巴氏杀菌法，以及他与酒商一起防止葡萄酒变酸的工作中发现了杀死有害细菌的方法。这些实践上的成功，为疾病的微生物理论的重大突破和对细菌在健康中发挥强大作用的认知奠定了基础，还为接种疫苗以预防疾病这一非凡想法奠定了基础。

此后，许多人对这些方法做出了改进，并形成证据，证明与实践者一起工作比在实验室单独工作更有可能取得重大突破。与实践者一起解决实际问题的想法也与 HCAI 的经验方法相关。

研究团队及课程

HCAI 研究团队在许多大学、公司等其他地方如雨后春笋般涌现。斯坦福大学的以人为中心人工智能研究所是一个成立较早、资金雄厚的组织，汇集了 140 名教员，他们举办的研讨会和专题讨论会吸引了数千人，其会议可以亲自参与或以虚拟方式参与。世界各地的数百所大学已经成立了致力于 HCAI 及其变体的研究团队，如人类兼容的人工智能、负责任的人工智能、道德的人工智能以及人道的人工智能（见第 21 章的列表）。

涵盖机器学习和深度学习算法技术和编程方面的学术课程师资力量正在扩大，以囊括道德领域的讨论。多伦多大学的道德中心开设的一门课程，邀请了跨学科的特邀演讲者，演讲者讲完后是小组讨论环节。如今，许多校园增设了道德课程，如果将其开设在计算机科学领域的课程中，可能会产生更强有力的效果，从而影响那些可能从事 HCAI 系统研究和开发的人。麻省理工学院的斯隆管理学院等商学院提倡这样一种理念，即 HCAI 系统的道德分析和道德设计是一种竞争优势。

人工智能课程逐渐开始涵盖 HCAI 方法，即解决控制面板的用户界面设计和基于可用性测试、观察和问询的评估方法。然而，人机交互课程导师开始开展更有力的教学活动，并涵盖人工智能方法，以满足对综合技能的强烈需求。在美国，卡耐基梅隆大学有一套来源于数个团队的优质 HCAI 课程，伊利诺斯大学、弗吉尼亚理工学院等其他美国校园也是如此。在英国，帝国理工大学、伦敦大学学院、牛津大学、剑桥大学等其他学校也正在扩展 HCAI 方面的工作。在丹麦、德国、意大利、法国、荷兰等欧洲国家，科技公司通常将 HCAI 设计列为符合欧洲《通用数据保护条例》对人工智能系统可解释性的要求。中国、印度、韩国和日本的其他工作也引发了世界范围内的兴趣。

专业培训课程也开始整合道德问题和可用性方法。Coursera 的在线课程"人工智能行为中的道德问题"使用面向项目的技术来分析人工智能道德问题，而 edX 提供了"人工智能和大数据中的道德"课程，讲解"为增加透明度、建立信任和推动采用的技术和商业举措"的道德框架。这些以商业为导向的课程证明，合乎道德的方法能够增加产品和服务的吸引力。

会议和期刊

随着研究和教育的发展，会议和期刊上的涉及 HCAI 的出版物也在增多。传统的人工智能会议，如人工智能促进会、国际人工智能联合会议和神经信息处理系统会议，每年吸引了超过 10 000 名与会者，往往达到其会议场地的最大容量。美国计算机学会的人机交互会议和人机交互国际会议

每年吸引数千名与会者，并在世界各地举行专门的专题会议，如今也包括 HCAI 的相关内容。现在，几乎每个学科的会议都有关于 HCAI 的论文，这些话题的受欢迎程度令人震惊。

这些会议正在迅速地将道德和以人为中心的设计主题加入其论文征集中。神经信息处理系统会议要求论文作者增加一个关于"工作的更广泛影响，包括可能的社会后果——积极的和消极的"的部分，这一点令人钦佩。即使是实力强的技术论文，如果被标记为缺失道德部分，也会被拒收。然而，组织者、审稿人和作者的群体仍在努力就如何评估基础研究甚至应用研究的更广泛影响达成一致。

微软人工智能研究员汉娜·瓦拉赫（Hanna Wallach）在神经信息处理系统会议上就更广泛的影响发表了主题演讲，她在演讲中批评了人工智能领域的部分群体，这些人宣扬一种"不谦虚的文化，在这种文化中，过度营销是常态，谈论限制和负面结果是不被鼓励的"。她呼吁人们对一些研究的更广泛影响和危险性有更多的认识。其他演讲者和作者正在转向讨论道德问题、负责任的人工智能和人工智能系统中的人类价值，这使他们更接近于 HCAI 的目标。

美国国家标准与技术研究所文本检索会议是 HCAI 会议组织者可效仿的典范，该会议在过去 30 年里显著地改进了信息检索研究，对广泛使用的搜索引擎的健康发展有极大促进作用。文本检索会议的独特之处在于，与会者必须对至少一个技术路线做出贡献才能参加该会议，这使其成为一个有吸引力的研讨会。他们基于开发可重复使用的数据集和指标（如精确度和召回率）来评估搜索系统的质量的传统方法。地面真值数据集由搜索结果以及每个结果的相关性判断组成。精度（0~100%）这一指标指的是，与搜索者查询相关的文档占所有检索到的文档的百分比。例如，70% 的精度意味着，如果检索 50 个文档，其中 35 个是相关的，15 个是不相关的。召回率（0~100%）这一指标指的是，与用户查询相关且被检索到的文档占所有相关文档的百分比。例如，70%的召回率意味着，如果检索到35个相关文档，那么数据集中还有另外15个同样相关但未检索到的文档。

对于精度和召回率的测量，需要对数据集中的文档是否与每个被测查询具有相关性进行标记，这需要耗费大量的精力，因此，这一方法无法用于网络规模的集合。然而，一种基于样本的新评估方法的发展使文本检索会议组织者每年能够完成5到12项搜索任务，涵盖健康、法律、社交媒体等其他数据集。会议也开始涉及不同的任务，如交互式检索、过滤、推荐、总结、问题回答和数据增强。随着会议规模的扩大，每年有来自几十个研究小组的100多人参加会议，从而产生了数百篇论文，加速了研究和商业发展。虽然每年的成本约为100万美元，但在商业系统上的成功应用预计可带来数亿美元的回报。

一年一度的可信度会议可以通过制定基于精度和召回率的可信度衡量标准来推进HCAI。会议已经对某些主题的可信度进行了数值测量，例如类似于信息检索任务的人脸识别精度，但其他HCAI属性（第25章）将需要新的测量方法和地面真值数据来比较算法，正如乔伊·博兰维尼（Joy Buolamwini）和蒂姆尼特·盖布鲁（Timnit Gebru）成功地展示了人脸识别算法的种族和性别偏见。在人工智能研究群体，自然语言处理的经验方法会议常致力于大数据集算法的严格研究，并不断发展以包括用户性能。其他涉及用户研究的HCAI会议正在从交流和对话研究、机器翻译和计算语言学等领域中兴起。

一些期刊编辑也发表了一些被视为不负责任或不道德的人工智能论文而受到质疑，例如，人脸识别算法可以识别犯罪意图、个性或政治倾向。颅相学理论假定头部和头骨形状决定了行为和态度，这些失信的颅相学理论被普遍认为是不负责任的，且会导致不当使用。但是，那些有争议的、

带有宏伟承诺的文章，甚至引起了备受尊重的期刊的注意。

对社会影响的关注度提升是一个进步，但许多研究人员认为这超出了他们的知识范围或关注范围。这种争议反映越来越多关于责任研究和论文的公开讨论中，比如《责任创新杂志》（*Journal of Responsible Innovation*）。虽然一些基础研究人员认为他们应该自由地追随自己的兴趣和好奇心，但越来越多的人意识到，与其他合作伙伴在实际问题上合作，会带来有效的实际解决方案和更强的基础研究。

现有的数十种期刊都增加了关于道德和 HCAI 的特刊，同时新的期刊也开始为日益增长的兴趣和需求服务。期刊论文和在线档案（如 arXiv）的发展已经改变了出版业。向公众开放的访问策略越来越普遍，世界各地的读者都可以免费阅读。由于 arXiv 无须审查，因此用户可在一夜之间获取所有的出版物，这加快了热门话题的研究速度。

期刊和专业协会都有涵盖其工作的道德准则，但更有针对性的方法可能是一个 HCAI 论文清单，其中包含以下问题：研究问题是否合理？训练数据是否公正？是否使用了适当的编程和测试方法？声称的内容与实际工作内容是否一致？此外，还可以制定一个写作风格指南，以限制汉娜·沃勒克（Hanna Wallach）所说的"不谦虚"和"过度营销"，同时确保论文充分讨论局限性、利益冲突和更广泛的影响。此外，难以确保研究传统的可重复性也是一个现存的问题，这意味着其他研究人员难以进行相同的研究，以验证他们是否得到同样的结果。许多论文依赖于大型的特殊程序、庞大的数据集和专门的硬件，这使得其他群体，尤其是学术群体很难再现结果。

研究的终极困难是，越来越多的人认识到，当结果应用于不同背景下的实际问题时，这些结果可能无法转换。arXiv 上的一篇论文，由 33 名谷歌员工和 7 名其他专业人士发表，将该问题标注为"规范不足"，论文作者将其描述为程序在配置后表现不佳。他们提醒说："在机器学习的现代应用中，规范不足是普遍存在的，而且具有实质性的影响。"但他们建议将改进方法和测试作为研究方向。该论文关注的是算法实现问题，但 HCAI 方法和数据可视化工具可能有助于开发人员更早地发现算法和训练数据中的这些问题，并在配置期间提供更好的保护。基于对这些问题的认识，大型科技公司开发更谨慎的技术以记录其算法和训练数据是未来的发展趋势（第 19 章）。

研究经费

美国国家科学基金会、英国工程与物理科学研究委员会、欧洲研究委员会、中国国家自然科学基金会等政府研究资助团体都在增加对人工智能研究的资助。在欧洲、日本和加拿大对人工智能道德问题的资助中，尤其明显地扩大了资助范围以包含 HCAI。美国国家科学基金会的国家人工智能研究机构包括"人类与人工智能的互动与协作"（已在第 22 章中讨论），支持"道德、公正、隐私、非欺骗、可解释性、保护弱势及受保护人群、参与性及包容性设计"方面的工作。

企业研究团队也开始处理 HCAI 问题，例如谷歌的人工智能研究团队和微软的负责任人工智能办公室。亚马逊、脸谱网、谷歌、国际商业机器公司和微软等大型科技公司已经联手支持人工智能伙伴关系，提供大量资金，还有 100 多家其他组织试图"汇聚全球不同的声音，实现人工智能的承诺"。

日本人工智能研究中心也是一种伙伴关系，"旨在推动人工智能在制造业、服务业、医疗保健和安全领域的实施，并加强日本在制造业和服务业的竞争力"。其他地区性研究小组也开始在世界各地成立。

从道德到实践的旅程已经开始，但如果基于更好的基础和更明确的目标，它将变得更加顺利。第 25 章将列出 HCAI 的 30 个理想属性，其定义可能会发生变化，使其能够以客观的方式进行测量。与此同时，主观调查和

定性评价可以对替代系统进行比较和测试，以了解设计理念是如何提高或降低评价。由我提出的用于评估可信度的 12 项调查问卷是一个起点。

对于大多数项目来说，明确目标是必要的。为老年人提供技术支持是一个经常被提及的项目。HCAI 方法首先要了解用户需求，这将在第 26 章对老年人的描述中体现。该章节提供了三个如何使用技术的示例，强调了技术如何帮助老年人自助，并提出了技术也可以帮助他人向老年人学习这一想法。许多老年人对独立生活、自我效能和指导他人的愿望十分强烈，他们希望能够自主完成日常生活的活动，并且可以伸出手去帮助社区中的其他人。对于这一挑战和其他诸多挑战，社会解决方案可能会补充或扩展技术解决方案。第 27 章将总结如何克服怀疑者所指出的危险，并将对此提出建议。

第 25 章

可信度的评估

18 世纪和 19 世纪的科学仪器制造商极大地提高了人类在测量尺寸、持续时间、温度和重量等方面的能力，推动了许多学科的快速发展。20 世纪的追随者进一步向前迈进，为测量员、医生、木匠、厨师等其他人员拓宽了精确测量的途径。开尔文勋爵（Lord Kelvin）提倡测量，他有一句令人难忘的话："如果你无法测量它，你就无法改进它。"

开尔文勋爵对商学院学生的忠告是："如果你无法测量它，你就不能管理它。"然而，业务流程成功与否、应聘者的能力高低、制造流程安全与否，并不像患者的体温或南瓜的重量那样容易测量。

同样具有挑战性的是，如何对社会体系、心理态度、教育理论、葡萄酒年份、戏剧表演进行评估。事实上，尽管我们在测量事物的物理特性方面具有很强的能力，但当涉及评估、排名或比较过程及系统的属性时，我们的方法具有局限性。

目前的挑战是评估 HCAI 系统的属性。关于道德原则和属性（如表 25.1 中的属性）有大量的讨论，但关于如何评估这些属性的建议却寥寥无几。如第二部分所述，本书重点关注如何实现可靠、安全和可信赖的属性。本章将重点讨论可信度，这是一个比信任更深层次的概念，因为可信度强调了 HCAI 系统值得利益相关者给予信任。然而，可信度是很难评估的，因为在不同的应用背景下，它会随着算法和训练数据集的变化而变化。当认识到 HCAI 系统永远不可能是 100% 可信赖的，就应该激发开发人员、管理人

员和用户的谦逊态度。

表 25.1　HCAI 系统中经常被提及的五类属性

系统本身的一般优点	
可信赖	用户是否相信系统正常运行？
负责任 / 人性化	系统的设计、开发和测试是否以负责任的方式进行？
道德的设计	利益相关者是否参与了设计？
道德的数据	数据的收集方式是否符合道德规范？
道德的使用	系统的结果是否以合乎道德的方式使用？
仁爱	系统是否支持人类的健康、舒适性和价值观？
安全	系统易受攻击的程度如何？
隐私	系统是否保护个人身份和数据？
实践中表现良好	
敏捷	当输入变化时，系统是否能良好地运行？
可靠的	系统是否做了正确的事情？
可用	系统是否在需要时运行？
弹性	系统能否从中断中恢复？
可测试 / 可验证	是否可以对系统进行测试以验证是否符合要求？
安全	系统是否有安全使用的历史？
明确利益相关者	
准确	系统是否在测试用例和真实世界用例上提供正确的结果？
公平公正	系统的偏差是否被理解并报告？
问责	谁对系统的结果负责？
透明	外部观察者是否清楚系统的结果是如何产生的？
可解释	系统是否能解释结果？
可用	人类是否能轻易地使用？

续表

允许独立监督	
可审核	是否可以由其他人对系统进行审核，以便对故障进行回溯性分析？
可跟踪	系统是否显示当前状态和下一步，以便进行人工干预？
可追溯	系统设计是否允许从结果追溯到根本原因？
可补救	是否有一个程序让受伤害者请求审查和赔偿？
可保	设计是否允许保险公司提供保单？
记录	系统是否记录了用于回溯性鉴定审查的活动？
开放	代码和数据是否公开供其他人审查？
可认证	是否可以认证和批准使用？
符合惯例	
符合标准	系统是否符合相关标准，例如 IEEE P7000 系列？
符合公认的软件工程工作流程	是否使用了可信的过程？

最近的一次远足给了我很好的教训，让我明白了可信任和可信赖之间的区别。在登山口，有一张专业的地图，上面详细标注了海拔数据，显示这条步道将直通一个观景点，我对这张地图充满信任，然而，在徒步半小时后，我意外地发现了一条地图上没有显示的小路。在分叉口处，一张手绘地图建议我左转到达风景观景点，由于我对登山口处的专业地图有信任感，于是我一直朝前走，但这张地图并不可信赖。事实证明，分叉口处的手绘地图是可信赖的。这个经历让我意识到外表可能具有欺骗性，因此需要对其可信度进行验证。

本书的第三部分和第四部分提供了支持其他属性的设计隐喻和治理结构，例如可追溯性、可审计性、可解释性和公正性，但研究人员和开发人员仍在努力评估 HCAI 系统在这些属性上的表现。本章的重点是对可信度的

评估，对于其他属性，还需要使用其他评估量表。

如果能够对两个 HCAI 系统进行比较，让设计者知道哪些改变可以最大限度地提高这些属性的评分，这将是非常有用的。一种有用的方法是为所有属性都贴上标签，就像食品包装袋上的营养标签一样，这样消费者就可以比较产品，这也正是国际商业机器公司的 Factsheets、微软的 Datasheets 和谷歌的模型卡的目标所在。

用于验证和确认性能的系统测试有助于识别错误，但不能评估 HCAI 系统在不同的真实环境中是否可靠、安全或可信赖。针对训练数据的偏差测试和用户界面的可用性测试也是发现问题的积极步骤，但它们无法提供度量或完整的系统评估或分数。尽管消费品评级或大学排名等方式存在缺陷，但它们对决策者来说仍然有帮助。

一些研究计划提议针对特定属性进行评估，例如，人为因素专家罗伯特·R.霍夫曼和彼得·汉考克提出了一种基于 27 种开发程序来衡量弹性的方法，包括跟踪异常和评估数据质量。对于可靠性、可用性等其他属性，他也提出了类似的建议，但都需要改进才能获得广泛的接受。

对于某些属性，可通过客观评估或各组成部分的主观评估来完成评分。除了这些方法之外，社会过程和独立监督也可用于评估 HCAI 系统的诸多属性。表 25.1 列出了 30 多个经常被提及的属性，我将这些属性整理成五个类别。这些类别大致指明了系统的属性、实践中的表现、利益相关者的感知、与独立监督的一致性、公认实践的兼容性。本章最后提出了基于主观判断的 HCAI 可信度量表的建议。

评估方法有很多种，但本章的重点是客观测量、按组成部分评分以及按社会过程评估，旨在找到可被广泛接受、可重复且有用的评估方法。

客观测量

许多研究人员想当然地认为，测量可以提供准确、客观的物理特性测量值，例如大小、持续时间、温度和重量。为了确保客观测量的结果，必须就测量规则达成一致。例如，患者是穿着衣服还是裸体进行称重，是在早餐前还是在日常用餐后进行称重？血压是站着、坐着还是躺着测量，测量前是否有 2~10 分钟的安静时间？一些客观评估是一元的，如气体、液体或固体。其他测试则是二元的，如怀孕测试和新冠核酸检测，只能得出"是"或"否"两种答案，尽管可能会出现假阴性和假阳性。目前，科学尚未能够客观测量 HCAI 属性。

按组成部分评分

在一些属性中，比如葡萄酒质量，人类评委的主观评分是关键因素。当比较两种葡萄酒以决定购买哪一瓶时，葡萄酒质量等指标的主观评分是非常有帮助的。虽然没有一种葡萄酒测量仪可以给出葡萄酒质量的具体数值，但也有一些评分系统，例如《葡萄酒观察家》（*Wine Spectator*）杂志使用的评分系统，分数范围从 50 到 100。在该评分系统中，90 分以上是"优秀：极具个性和风格的葡萄酒"，而 80 分以上则是"优良：一款酿造精良的葡萄酒"。这些分数来源于葡萄酒专家的主观判断，他们在不知道自己品尝的是哪种葡萄酒的情况下，一天内给 20 种甚至更多的葡萄酒评分。这些评级对于营销有着重要的影响，但并不具备严格的科学性。

还有其他葡萄酒评分系统，例如供日常饮酒者使用的评分系统，其中包括 5 种品质：外观、香气、酒体、口感和回味，每种品质都有 1 分到 5 分的评分，最终总分为 25 分（图 25.1）。

	5	4	3	2	1
外观	清晰、颜色适当、有光泽、无异色			浑浊、有异色	
香气	复杂、多种可察觉的香气、浓郁			很少或没有香气、有异味	
酒体	完美的口感和厚重感			口中厚重感太高或太低	
口感	各组分的平衡良好、可尝出多种风味			各组分的平衡差、无风味	
品味	吞咽后回味悠长且柔滑丰富			入口味道戛然而止，没有余味	

图 25.1　葡萄酒品鉴评分的五种品质

更微妙的评级或评分标准来自葡萄酒研究中心，例如位于纳帕谷附近的加州大学戴维斯分校，他们采用了更为严格的评分标准，包括有十个组成部分，其中每个部分的评分都有 1 分、2 分或 4 分，但都是基于人类的主观判断。这些组成部分包括透明度、颜色、香气、酸度、风味、甜度和酒体，针对每个成分都有一个相应的评级指南，例如对于葡萄品种的风味，可以评为复杂（2.0）、简单（1.5）、宜人（1.0）或明显特征（0.5）。

其他复杂的评分或评级系统采用评委组的方式。例如，奥运会的花样滑冰、跳水、拳击和体操项目的积分规则。评委组以数值形式对选手的表现进行评分，综合得分决定金牌、银牌和铜牌得主。这种主观判断与径赛或滑雪等项目截然不同，后者是对速度的客观评估，然后再转化为数值分数。

最后一个按组成部分评分的示例是，被广泛应用于新生儿健康评估的阿普加（APGAR）量表，该量表于 1952 年由弗吉尼亚·阿普加（Virginia Apgar）教授创建。该量表包括五个组成部分，而每个组成部分都可被评为 0、1 或 2，五项总分范围为 0 到 10 分：

● 皮肤的颜色（全身青紫或苍白为 0 分，躯干粉红、四肢青紫为 1 分，全身皮肤粉红为 2 分）

● 心率（无心率为 0 分，心率小于每分钟 100 次为 1 分，心率大于每分钟 100 次为 2 分）

● 对刺激的反应（用手弹婴儿足底或插鼻管后，婴儿无任何反应为 0 分，只有皱眉等轻微反应为 1 分，婴儿啼哭、打喷嚏或咳嗽为 2 分）

● 四肢肌张力（四肢松弛为 0 分，四肢略微屈曲为 1 分，四肢动作活跃为 2 分）

● 呼吸（无呼吸为 0 分，呼吸缓慢而不规则或哭声微弱为 1 分，呼吸均匀、哭声响亮为 2 分）

这些相对简单的例子可用于评估葡萄酒质量和新生儿健康，有助于开发评估求职者、零售店选址或软件包购买等决策的评分方法。这些都是重要的决策，但更具挑战性的是生命攸关的决策，如医疗、军事或航空领域，这些决策提高了如下方面的重要程度，即提高评分、排名或比较的可靠性。一个好的评分方法将具有较高的"评分者间信度"，即不同的评分者会给出相当相似的分数。此外，评分方法还应具备可重复性，即当法官被要求对同一个组成部分进行评分时，他们会给出相似的分值。

大多数策略取决于个人判断，有时会将各个判断汇总形成最终判断，例如奥运会评委组或招聘委员会。其他策略则依赖于社会过程，涉及小组或委员会成员之间的讨论，这些组织随后可能会修改个人分数或联合评估。

更为详细的评分方式是问卷调查，问卷包含 100 多个条目，并采用类似语义锚定的李克特式（Likert）量表，其范围从 0 到 10 或从非常同意到非常不同意。可用性问卷已广泛应用于人机交互研究和产品评估之中。这些问卷最终形成了检查表，指导设计人员和开发人员审查自己的工作。HCAI 的属性也可以按组成部分进行评分，这是本章末尾提出的 HCAI 可信度量表的基础。

按社会过程评估

重大决策或性命攸关的决定往往通过群体决策做出，而群体决策的成员包括：专家（如美国国家运输安全委员会的大多数审查员）和非专家（如对被告的同侪进行审判的陪审团成员）。这些决策过程可以用定性方法和社会过程来补充，例如有组织的讨论、两轮甚至多轮投票、有证据规则的对抗式辩论以及证人的交叉盘问。HCAI 系统可以从融入内部审查和外部独立监督方法的社会过程中受益。

招聘委员会常使用社会过程进行评估，委员会使用评分方法来审查众多申请人，从中选出候选人名单进行下一步的面试，并要求独立审查员提供推荐信。面试结束后，委员会可能进行小组讨论，通常是通过投票对候选人进行排名。在学术环境中，论文和拨款提案要经过审查，并附有书面评论，然后小组讨论决定是否接受或拒绝。有时，会议委员会、期刊编辑委员会或资助机构经理会会根据多样性要求、政策限制或预算限制来改变决策。

公司董事会或州立法机构是做出复杂决策的更高级形式，其中，客观的衡量标准和按组成部分的评分是通过充分的商议以产生共识或通过投票进行强制性决策的。

有些组织采用结构化的流程，例如德尔菲法（Delphi），该方法通过多轮讨论，由专业人员领导，公正地提出立场，即使与常规立场相差甚远。另一种流行的评估方法是 SWOT 分析，该分析方法关注想法、计划或组织的优势、劣势、机会和威胁。这种简单的四向结构有助于参与者思考他们正在评估的某些特质。

英国的研究资助机构制定了"研究卓越框架"（REF），以评估大学研究项目的影响。研究卓越框架并未使用诸如发表论文数量、毕业生数量或被引用次数等量化的衡量标准，而是召集了 34 个不同研究领域的专家小组。

关于 REF 存在两个有争议的方面：研究评估应该更加注重学术成果还是社会影响；专家小组在多大程度上代表了各类大学。虽然该框架的一个重要目标是鼓励学者进行自我反思，以改善未来的研究，但其评估结果被报社和其他组织用来对大学进行排名。

另一个灵感来源可能来自河流或森林的环境报告，其中描述了水、土壤或空气质量等组成部分，以及最近的恢复工作等活动。这些报告可以由内部机构或外部专家小组编制。这些评估报告可以与往年进行比较，强调创新工作，并提醒人们注意新出现的威胁。评估报告通常给出从 F（不及格）到 A（优秀）的等级，以表彰成功的工作或强调还需更大努力的方面。

与专家小组不同，世界大型企业联合会每月对 5 000 人进行一次消费者信心调查。密歇根大学的"消费者信心指数"每月也进行类似的月度消费者信心指数调查。该指数在 1966 年 12 月被标准化为 100。每个月至少进行 500 个电话采访，向美国各地的随机样本提出 50 个核心问题。

独立监督是评估重要商业、学术和政府系统的重要社会过程之一（第 19 章）。独立性意味着审查员不受过去历史或当前与系统开发者的关系的关系影响，具有公正和客观性。公司通常需要接受内部委员会和外部审计机构的年度审计，外部审计机构通常是由知名会计师事务所，如普华永道、毕马威、安永和德勤。这些事务所以及许多小型公司被禁止同时担任独立审计员和任公司的顾问。当然，独立监督并不完美，正如安然公司和其他破产案例那样。保险公司、消费者团体、记者和非政府组织也可以进行独立监督。

如第 19 章所述，有三种常见的独立监督形式：

1. **规划监督**：提前提交并审核新系统或系统重大升级的提案，以便反馈和讨论可能会影响计划的内容。

2. **持续监控**：这是一种高成本的方法，但是通过持续或定期审查，可以确保即使环境发生变化，也会进行审查以确保质量。

3. **事故回溯性分析**：当事故发生时，经验丰富的独立监督审查可以向公众保证，正在解决导致故障的问题。

怀疑论者指出，独立监督方法的失败，有时可能是因为缺乏足够的独立性，但这种方法的价值得到了广泛认可。

独立监督委员会旨在对文件进行仔细审查，并与关键人员进行面谈，以编写有据可查的报告，其评估得到所有利益相关者的认可。在大多数情况下，这些报告都对已查明的问题或严重事故提出短期和长期补救措施建议，并附有一些规定以核实这些建议是否在 3、6 或 12 个月内得到遵守，其目标是提高被监督对象的表现。由于委员会成员具有多次审查的经验，他们可以跨组织甚至跨行业传递知识，同时提供指导未来系统设计的信息，并将其纳入教育课程。

HCAI 可信度的评估

将评分和评估方法应用于 HCAI 系统需要创新的方法，以实现透明度，并更好地定义所需的质量。越来越多的研究人员、开发人员、管理人员和政策制定者提出了强有力的道德基础，以确保负责任或可信赖的人工智能系统，追求公平性、问责制、透明度、可说明性和可解释性。此外，他们还提出了更多的属性，如表 25.1 中所列，但对衡量标准、评分方法或评估过程尚未统一。

令人担忧的是，关键系统在应用时往往缺乏评估手段。创新的压力巨大，宣称取得成功的豪言壮语屡见不鲜，但当研究系统走出实验室应用于现实世界时，往往会失败。过往的失败人尽皆知，例如谷歌流感趋势的误导性预测、金融系统的崩溃、人脸识别的偏见和攻击性聊天的机器人。这些问题仍在持续发布，正如谷歌的 33 名员工和 7 名外部研究人员所指出的，他们发布了一份令人担忧但耐人寻味的报告，报告中坦率地描述了机器学习模型"应用到现实世界的领域时，常常表现出意想不到的不良行为"。他们的开放态度是一个积极的信号，这将鼓励人们更多地关注评估 HCAI 系统的可信度和其他属性。

许多 HCAI 系统的属性密切相关。责任性、安全性、可靠性、准确性和公正性都是相辅相成的。同样，透明度、可解释性和可用性似乎也描述的是同一个属性，然而每个术语都被不同的特定群体使用。要开发一个可信的评估过程，至少需要采取四个步骤：定义、方法、评估者、受众（表 25.2）。所有这些步骤都需要时间才能达成共识，但这对研究人员和开发人员来说是一个挑战。

表 25.2　HCAI 可信度的评估流程

定义	商定使用一组较小、有明确定义、可以评估的术语，可能的话，按组成部分评分。
方法	考虑如何至少使用以下方法进行评估： ● 对代码本身和机器学习训练数据的静态分析 ● 系统在基准测试中的性能 ● 系统在实践中的表现 ● 利益相关者的主观感受 ● 内部或外部专家的审查
评估者	决定由谁来做评估，每个小组需要多少人。候选评估人员包括有能力对评估做出贡献的人： ● 系统的开发人员，尽管他们可能有先入为主的观念 ● 未参与过类似系统的知识渊博的开发人员 ● 使用该系统的项目管理人员 ● 受系统行为或预测影响的系统用户 ● 熟悉类似应用的独立监督审查员
受众	决定谁是评估的受众。候选人包括可能从评估中受益的利益相关者： ● 系统的开发者，他们能够改进系统 ● 类似系统的知识渊博的开发人员，他们可能会从经验中受益 ● 使用该系统的项目管理人员，他们可能会修改其使用流程 ● 受系统行为或预测影响的系统用户或其代表

　　在开发过程中，形式化方法的支持者认为，这些方法可以提高复杂 HCAI 系统的可信度。同样，静态分析和测试方法的支持者也认为这些方法是有帮助的，但是只有当系统的性能在数月或数年的反复使用中被证明是安全且有效时，对系统可信度的评估才可能是可信的。虽然早期的错误是可以容忍的，但这些问题应该随着时间的推移逐渐减少，这样利益相关者就会认识到系统已经成熟且值得信赖。

　　威尔·格里芬（Will Griffin）是一位毕业于哈佛大学的律师，同时也是 HyperGiant 公司的首席道德官。在一次电话访谈中，他建议应采取可行的措施衡量可信度，其中之一是构建 HCAI 系统的透明度。格里芬指出，提高道德规范将为公司带来竞争优势。他认为这与核不扩散审查有相似之处，即信任取决于国家核工作的透明程度。一个值得信任的国家是允许对其核设施进行检查的。对这一想法的支持来源于制定 IEEEP7001 标准的委员会。

　　IEEEP7001 标准背后的一般原则是"始终应能够理解自主系统为何以及如何做出特定的决定"。这一原则被细化为五个利益相关者受众：用户、普通公众、认证机构、事件调查人员和律师。对于每个受众，都有 1 到 5 级的透明度评级表，详细描述每个等级的含义，并提供了实例。这是一个有用的初步尝试，可以发展成为一个实用的评估工具。

　　最后一个鼓舞人心的例子是迈克尔·杜卡基斯人工智能和数字政策中心的人工智能社会契约指数。该指数对 25 个国家的国家政策支持民主价值观的程度进行评级。这个指数包括 12 个属性，每个属性都以 0 到 1 评级，以记录政府是否认可并执行了基础性文件，如经济合作与发展组织的人工智能原则和联合国的《世界人权宣言》。然后，该指数对算法透明度、问责制、公众参与制定政策和描述政策的公共文件进行评分。在这份长达 382 页的报告中，德国以 10.5 分（满分为 12 分）位居榜首；第二梯队有 9 个国家，其得分在 8.5 分至 9.5 分之间。

我提出了一种包含 12 个因素的评分方法，并制作了一个 HCAI 可信度量表。根据这个量表，如果有公开的详尽报告，最多可以给 1 分；如果报告结果积极，则同样最多可以给 1 分。这样一来，对于重要的大型应用系统（不是研究或原型系统），可信度评分将在 0 到 24 分之间（见表 25.3）。每个项目的标准、评估人员的专业水平以及每个评估小组的评估人员数量等问题都必须加以描述。

表 25.3　建议的 HCAI 可信度量表

公开的详尽报告最多可得 1 分 有积极结果的报告最多可得 1 分
①实施前的内部独立评审 ②已实施的审计追踪 ③收集并评估训练数据（如微软的 Datasheets） ④对软件进行验证和确认 ⑤测试公正性 ⑥可解释性的实施和测试 ⑦使用前 2 个月的性能 ⑧使用前 6 个月的性能 ⑨利益相关者提出建议、问题，并报告事故、未遂事件和故障 ⑩对事故进行内部审查程序，并进行补救 ⑪ 持续评审以支持改进 ⑫ 由独立监督机构进行外部审查

HCAI 可信度量表提供了一种按组成部分评分的主观评级方法，但它仍需要测试和完善，并可以添加其他条目以扩大其范围。该量表通过每个条目的报告来强调透明度，这将要求各组织向利益相关者提供更多信息。这个过程符合安全文化的方法，即让各组织制定一致的过程以进行审查和报告。

欧盟委员会、美国国家标准与技术研究所以及许多公司正在为 HCAI 系统的可信度制定评估方法。

总之，评估 HCAI 系统的属性将有力地推动其快速改进。如果评级量表被广泛接受，目前关于道德、责任、可解释或公正等重要属性的讨论将会深化。HCAI 的可信度量表是推动这些讨论的一个有益建议。

第 26 章

照顾老年人并向他们学习

关心年长的父母、祖父母、家庭成员和朋友是一种美德，这对所有人来说都是一种丰富的体验。然而，当老年人需要帮助来维持他们的生活时，这就需要家人做出严肃的承诺，这通常会导致老年人搬到能够支持他们日常生活的场所。历史上，多代同堂的家庭是一种文化，其中受人尊敬的老年人积极参与家庭中的各类大小事务，分享他们的智慧，并在需要时得到照顾。然而，现如今在许多国家，只有不到 10% 的家庭是多代同堂，绝大多数老年人独自生活，或者生活在辅助生活型住房，或者如果需要定期的照顾，就住在养老院。

照顾者需要安排他们的时间计划，投入时间，并在紧急情况下保持时间的灵活性。照顾老年人是一项长期的工作，对所有照顾者来说，这会使其在情感上感到满足，但当面对慢性病和痴呆症患者需要更细致的照顾时，这项工作就更具挑战性。照顾者也需要得到关心和支持，比如当需求增加时，则需要家人的支持和协助。美国退休者协会等组织提供了关于照顾老年人的指导和资源。

那么作为照顾者，他们能从照顾他人的过程中得到什么呢？前谷歌道德学家、现爱丁堡大学的哲学家香农·瓦洛（Shannon Vallor）写道，照顾可以"被理解为一种亲自满足他人需求的活动……照顾好他人并不容易。我们必须学会如何在正确的时间和地点以正确的方式进行照顾"。她专注于照顾他人的美德和好处，因为它教导了"互惠的意义和重要性……通过

陪伴他人来学习，我们相信总有一天会有人陪伴我们……照顾他人也能培养……同理心，建立一种能让我们为他人产生情感联系并为他人'承担烦恼'的情感纽带"。

瓦洛对社交机器人（她将其称之为"护理机器人"）向老年人提供一些服务的可能性持开放态度，但她也发现了一些问题，即社交机器人的局限性，以及当老年人不再需要家人、朋友和专业护理人员时，会与他们失去情感上的联系。然而，除了护理机器人之外，还有其他的技术支持选择，这些选择可以更好地让老年人自己做更多的事情。设计良好的设备可以提高老年人的自我效能，为其提供精神刺激，并让其与照顾者相处的时间更多地用于满足情感需求或享受更丰富的体验。尽管许多面向老年人的设计指南都集中在移动设备和网络应用程序上，但是 HCAI 物理设备的发展越来越快，这开辟了新的可能性。

照顾老年人仅仅是本章内容的一部分，另一部分是其他人如何向老年人学习，他们的经验、知识和技能对许多成年人、青少年儿童都具有吸引力。对那些希望与他人建立联系的老年人来说，指导、教导和合作也是很有吸引力的。老年人和年轻人的能力结合可以形成一个强大的团队。就像来福车（Lyft）、优步（Uber）、任务兔（TaskRabbit）和五美元网（Fiverr）等临时工作经济服务平台能够将需要工作的人与能够完成工作的人相匹配一样，HCAI 也可以将老年人与提供所需服务的个人和社区团体相匹配。通过人工智能推荐算法，可以根据老年人的年龄、健康状况、兴趣、个人经历以及向他们寻求学习的人的兴趣进行匹配。

对于老年人来说，和年轻人合作意味着他们必须有良好的健康状况，且是一个可靠的合作伙伴。老年人必须作为跨代家庭的一分子或独立生活以管理日常生活中的活动。许多老年人寻求安度晚年的居所，以确保自己熟悉环境，保持与朋友和社区服务的联系，并能够生活自理。美国疾病控制和预防中心将老龄化描述为"无论年龄、收入或能力水平如何，都能安全、独立、舒适地生活在自己的家中和社区里"。集体住宅、小型社区和公寓楼都有物业工作人员的协助，在老年人需要时可为其提供帮助，并提供了多样化的选择，确保了老年人对独立的渴望。老年人和残障人士希望自己能够独立，因此他们可以为自己的需求做出选择，但这要得到家人、朋友、社会和家庭护理人员的支持。此外，他们还希望获得适当的技术。

核心问题是：什么是适当的技术？HCAI 方法首先提出两个基本问题。

用户是谁？ 老年人这一术语涵盖了各式各样的用户。

● 充满活力的 60 岁老人、能干的 70 岁老人、精力充沛的 80 岁老人、行动迟缓的 90 岁老人，以及越来越多的 100 岁以上老人。

● 不同的技能水平、身体灵活性、思维敏捷性、语言能力、医疗问题、情绪障碍和残疾程度。

● 健康且独立生活的老年人、同居的老年夫妇或伴侣、辅助生活型住房中的体弱居民、住在养老院或诊所的人。

● 不同的民族、种族、宗教和文化背景，有着不同的经济资源、生活条件和态度。

人们对老年人的态度往往受到与年龄相关的生理衰退、缺陷和虚弱等概念的影响，但许多作者正在改变其言论，以欣赏老年人健康的衰老、情感的成熟和轻松的心态。一些老年人可能需要照顾，但他们也可以照顾其他人，并向愿意听取建议的年轻人提供他们的见解。

任务是什么？ 照顾老年人的任务非常广泛，涵盖了许多需求，因此，以技术为中心的方法可能是一个广泛的解决方案，例如，可满足多种需求且功能齐全的类人机器人。机器人灵活的双手可以拧开药瓶，清理餐具，其灵活性可以让它成为一名优秀的瑜伽教练。此外，机器人还有力气把体弱的老年人抬上一段楼梯，或从轮椅转移到床上。英国约克大学的海伦·皮特里（Helen Petrie）和珍妮·达森塔斯（Jenny Darzentas）对以技术为中心的方法提出了警告："干预措施往往是由技术发展驱动的，而不是由老年人的需求和愿望以及对他们生活状况的理解所驱动的。"

HCAI 方法不是考虑什么技术合适的可能性，而是从了解老年人与年轻人、儿童的区别开始。研究人员通过观察、访谈和调查来研究用户需求，以确定主要和次要的需求，并对频繁和罕见的需求进行排序。亚伯拉罕·马斯洛（Abraham Maslow）的人类需求层次理论自 20 世纪 40 年代提出以来，一直是一个杰出的模型。马斯洛的需求层次理论的底层是生理和安全需求，中层是归属感、亲密感和尊重的心理需求，顶层是自我实现的需求，以发挥个人的创造力并实现个人的全部潜能。最新的列表涵盖了基本的生存需求，例如食物、水、住所和睡眠，以及社会需求，例如交流和触摸会释放激素（如催产素），刺激人对新鲜事物的渴望，并释放多巴胺。虽然这些都是很好的指南，但一份详细的用户需求列表会很有帮助，比如表 26.1 中的 18 个类别。该列表会因文化、经济、社会和其他社区的不同而有所不同。

表 26.1　老年人需求的非正式清单和满足需求的设备的任务示例

老年人的需求	满足需求的设备的任务示例
移动性	使用拐杖、助行器、电动轮椅和公共交通工具
食物准备、烹饪和清洁	使用简单、安全的厨具和餐具、清理餐桌、清洗餐具
个人护理	清洗、沐浴、口腔和皮肤的护理、梳头、更衣、个人形象管理
医疗护理	确保坚持用药；使用医疗器械、胰岛素泵、心脏起搏器和假肢；远程医疗预约
医疗监控	使用并记录体重秤、体温计、血氧计、血压、心率、胰岛素测试、心电图、脑电图等的结果

续表

健康与情感支持	记录营养、睡眠、运动、瑜伽、情绪、社会交往、知觉、认知和运动能力等情况
购物	订购食物、浴室用品、药品、衣服和耐用品等
财务	跟踪收入和支出、纳税、支付账单、管理资产
信息与教育	获取有关医疗、法律和金融服务以及教育机会的网络信息
新闻与娱乐	获取新闻、体育节目、音乐、照片、电影、游戏和书籍等
沟通与人际关系	使用电子邮件、短信、视频会议和社交媒体等
安全	安保监控设备、火灾报警，在需要时请求帮助
房屋清洁	操作吸尘器、拖把、除尘器和浴室清洁设备等
房屋维修	维护和更换电器、家具和管道等
园艺及宠物护理	维护户外空间、浇水和除草等，照顾宠物、遛狗
指导	指导年轻的家庭成员、辅导孩子、给团体讲课和指导专业人士等
贡献	帮助当地志愿者、社区组织和宗教团体等，撰写回忆录
创造性项目	写作、音乐、手工艺、绘画、摄影、园艺、烹饪、社区或家族历史项目

对于老年人来说，除了将要执行或已经完成的日常任务外，还需要制订长期计划，包括准备财务规划、遗嘱等，以及履行投票和纳税等公民责任。体检和实验室检测等医疗服务可能会占用老年人的大部分时间，尤其是患有慢性疾病或抑郁、受伤的老年人。老年人的首要需求是医疗保健，因为它决定了他们的生活质量甚至生存，即便是政府保健计划的相关工作也需要时间和技巧。老年人的另一项主要需求是住房，许多住房需要再设计或重新设计住房和公寓以满足老年人的需求，如单层设计（无台阶）、浴室改造、无设施障碍等适当设计。此外，老年人也需要度假旅行、探望家人和朋友。

随着人口老龄化，政府、企业和家庭将投入更多的时间、精力和费用来照顾老年人。相关政府政策，如社会保障、医疗保健等方面，越来越侧重于为老年人和残障人士服务。同样，针对辅助生活型住房和养老院的监管也越来越重要。

护理机器人的倡导者们引用了一些统计数据，数据表明老年人的数量在不断增加，而照顾他们的年轻人却在减少。基于大量的学术论文和学术网站，这些倡导者们专注于设计护理机器人，它们通常是以类人外观的形式出现，可在现有的住房中为人类活动引路。这些社交机器人会模拟住家护理人员的行为，这重新提出了一个存疑的观念，即人类行为是技术设计的合适模型。为了开发服务于老年人的社交机器人，大量研究人员和企业都在试图寻找相关技术。一个以色列的团队采访了 30 名平均年龄 78.5 岁、独立生活的健康老年人，报告称："总而言之，我们的研究结果表明，大多数参与者都愿意与机器人进行社交互动。然而，如果社交是机器人的主要功能，参与者则表示强烈反对……他们认为机器人应该有一个明确的功能，并可以提高他们的生活质量。"

此外，他们还发现，参与者强调真实性，同时拒绝"设备伪装成它本不该是的样子"，并担心"机器人的主动性和移动性可能产生威胁……他们需要控制和独立。"社交机器人的研究人员可能会发现，对这些问题的思考很有用，他们会思考如何设计以有助于实现人类自主、独立和自我效能。

辅助老年人的其他 HCAI 方法强调对独立生活的技术支持，以提高老年人的自我效能，并提升家人、朋友、社区志愿者等其他照顾者的参与程度。即便是很小的设计改进也可能会带来价值：例如，自动转动以防止食物燃烧的炉灶、针对老年人久坐不动的提醒器、老年人感兴趣的社区或网络事件的推荐系统。针对老年人的游戏也可以很有趣，这些游戏可以提供精神刺激以保证其流畅的思维，有助于锻炼记忆、教授新技能等。

更具挑战性的设计是一种药物设备，该设备通过扫描处方药瓶进行编码，当老年人在逾期未服药时，可根据其喜好设置温和的提示或更强烈的提醒。自动配药器必须足够复杂，以保证能够在一天的不同时间提供多种药片，同时记录其合规性。应对每项设计进行审查，以确保老年人可以自由地控制该设备，并保护他们的隐私。监控设备可以防止危险并跟踪性能。另一个考虑因素是安全性，以防止犯罪、入侵和欺骗。

如下三个更详细的示例表明了其他的设计可能性

示例 1：轮椅　HCAI 框架（详见第 8 章）展示了人工控制和计算机自动化如何引导设计师考虑替代方案以满足轮椅移动性等需求。较老旧的轮椅是重型推椅，需要护理人员移动坐着的使用者（图 26.1，左下象限）。更新、更轻便的轮椅则是手动操纵的，并实现了轮椅的独立控制和锻炼功能，这催生了轮椅篮球比赛（图 26.1，左上象限）。电动轮椅可以使用操纵杆或语音控制，并可实现更高程度的自动化，即自动选择目的地和路径，并按时间计划（图 26.1，右下象限）将轮椅使用者带到用餐地点或家中的其他地方。现如今，轮椅经常在户外使用，自动导航系统可以引导轮椅自动通过人行道和坡道、穿越街区。公交车、火车等公共交通工具也为轮椅使用者提供升降板，可实现长途旅行。电动轮椅也许能同时实现高度人工控制和高度自动化（图 26.1，右上象限），即使用人工智能算法来避开障碍、人群和悬崖，并可以沿着使用者偏好的路径到达的目的地。此外，语音控制的轮椅可供有需要的人使用。为了帮助电动轮椅的使用者进行导航并避免碰撞，构建了一套带有语音引导的计算机视觉系统。基于对 6 名有认知障碍的老年人用户的研究表明，在大型室内迷宫测试中，轮椅使用者的运动更准确，且碰撞更少。老年人和残障人士发现，最新版本的系统能帮助轮椅通过狭窄的门口或电梯，后退到他们想要停留的位置或拥挤的地区，以及乘坐公共交通工具。

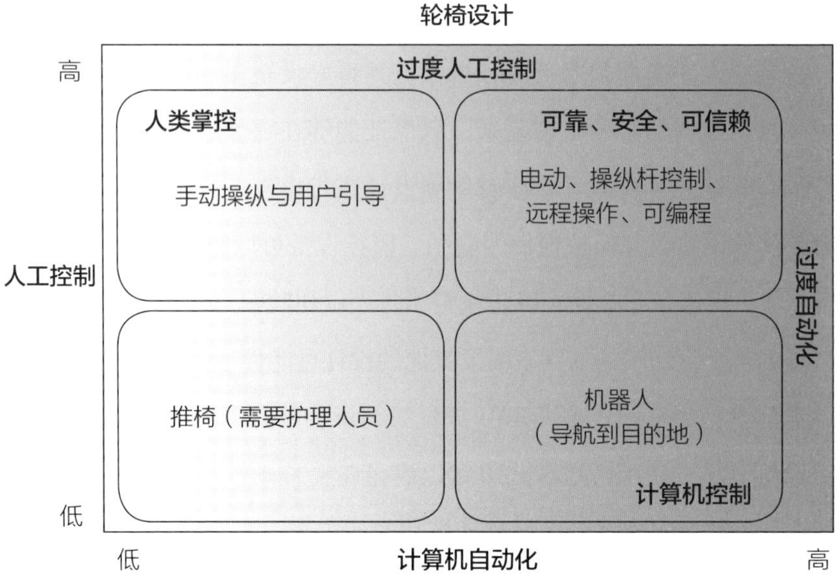

轮椅设计

图 26.1　HCAI 框架展示了轮椅设计的可能性

　　如果老年人同意上报一切正常，并允许受信任的家庭或照顾者进行远程操作，系统将进一步优化以实现监控功能。一旦出现问题，轮椅使用者可以寻求帮助。如果使用者失去行动能力或椅子被撞倒，自动化设计可以呼叫援助。在机器学习算法中，不同时间、不同轮椅的累计数据可以用来确定何时需要进行预防性维护或改进设计。传感器还可以显示哪些人行道有突起、坑洼以及有可能结冰的水洼。无线网报告可以强化机器学习算法，通过识别最频繁使用的路线，引导城市官员进行维修，并为最多用户带来最大的益处。然而，系统可能还需要一些人为干预，以确保被轮椅使用者避开的严重损坏的人行道得到修复。轮椅使用者报告将补充如"人行道计划"（Project Sidewalk）等以众包方式提供的数据。

　　谨记残障用户的核心原则："没有我们，就没关于我们的一切！"轮椅使用者应该被邀请参与改善轮椅设计的相关讨论。

　　示例 2：餐桌上的洗碗机　HCAI 框架还有助于构思其他设计，例如餐桌上的洗碗机。与清理餐桌并将餐具放入洗碗机的传统家用机器人不同的是，一台小型洗碗机可以安装在餐桌上、餐桌下或餐桌旁，这样独居老年人或老年夫妇就可以简单地将盘子、碗、杯子等餐具放入洗碗机，清洗它们，并随时可以用于下一顿饭。此外，还有适用于露营车的小型洗碗机，有可容纳四口之家的餐具台面，甚至还有适用于四口之家的内置洗碗机餐桌。然而，供一到两个人使用的小型洗碗机只需要容纳两个盘子、两个碗、两个杯子和八个其他器具（图 26.2）。该方法实现了老年人的自我效能，而不是等待移动型机器人把盘子带到厨房并在需要时再带回。

（a）　　　　　　　　　　　　　　　（b）

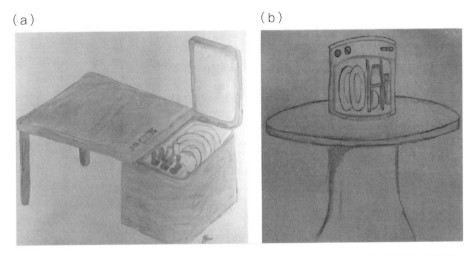

图 26.2　供一到两人使用的矩形或圆形餐桌上的小型洗碗机设计草图［塞缪尔·都灵（Samuel Turin）］

食品准备解决方案也是如此，例如供老年人做饭的易于开启的容器、轮椅使用者可接触的安全烹饪设备，甚至是专为方便和安全使用而设计的盘子和碗，以及适用于加热食物和饮料的容器或分装器。

HCAI 思维也将促进针对某些问题的群体解决方案。对于老年人和残障人士来说，提供送餐服务的"流动餐车"项目非常受欢迎，该餐车不仅可以提供食物，老年人和残障人士还能与送餐员进行社交接触，送餐员把食物送进来，并与老年人和残障人士进行确认，也许还会帮助他们清理桌子。送餐的人不仅可以从那些有需要的人身上学到东西并获得满足感，而且其成功与老年人交流的故事还可能会在其群体中得到称赞。人工智能算法在有效地安排路线方面发挥着重要作用，就像众多快递服务所做的那样。此外，推荐算法还可以将老年人的兴趣和个性与送货员相匹配。"流动餐车"项目始于"二战"期间的英国，该项目在许多国家都有当地分支机构和国际机构。

对专业的护理人员、家庭成员和乐于助人的朋友的感激，可以增加他们在照顾独居人士过程中的自豪感和满足感。智能手机应用程序可以将专业护理人员与创收策略结合在一起，这将为员工提供比现有的零工经济计划更好的待遇。然而，老年人和残障人士的特殊需求会优先考虑建立关系的长期承诺，让受照护者有机会对护理人员进行评分，还可以进行公开的赞扬评论，这将提高护理人员的地位。

示例 3：瑜伽教学　苹果和谷歌应用商店中有数百个瑜伽应用程序，但其中最受欢迎的应用程序是来自 Buddhi 的"下犬瑜伽"（Down Dog Yoga），其周到的设计提供了高度的用户控制，令其在苹果和安卓平台上获得了超过 300 000 个 5 星评级（"我用过的最好的瑜伽应用程序""变革性的""绝对完美"）。

"下犬瑜伽"应用程序使用了一种名为约束求解的人工智能策略，以确保姿势序列的安全性以及站立、弯曲和躺下等动作的连贯性。该应用程序应用了用户体验设计原则，例如针对老年人可设置为 4 ~ 6 分钟的温和模式。该应用程序有 10 种类型的瑜伽，例如流瑜伽（Vinyasa），"温和的热身，多种站立姿势的组合，专注于在地面上放松的深度伸展"，并提供从初级到高级的不同活力版本。用户可以从 20 种模式中（例如有氧和站立平衡）以及不同的音乐伴奏中进行选择。此外，用户可以选择从最慢到最快的 5 个语速级别，以及从详细解释到最少解释（只有姿势名称）的语音教学等级。用户还可以根据自己的带宽选择合适的图像分辨率，从高清晰度到低清晰度到纯音频。该应用程序有针对初学者的指导，并提供 10 种语言的版本选择以及一系列的社区功能。

每天都有一个稍微不同的版本更新。语音叙述精确、迷人、富有诗意（"像风车般转动你的手臂""绽放成战士式"），并提供各种姿势变化的建议，让用户自主选择更容易或更难的姿势。动作序列遵循一致的路径，从轻松的坐姿或躺姿，然后是更具挑战性的弓箭步，再到站立姿势、平衡、扭转和地面姿势，以便始终对脚踝、膝盖、臀部、肩膀和手腕进行一套全面的伸展运动。约束求解算法总是保证运动时长与用户选择的精确分钟数一致。

从我个人使用"下犬瑜伽"的经验来看，我很欣赏其价值。4 年多来，我和妻子几乎每天早上都会做 30 分钟的瑜伽，不断变化的课程和选择能够让我们持续参与其中。锻炼者肌肉力量和运动范围（柔韧性）的改善是显而易见的，其对情绪、压力、睡眠和整体健康都有好处。有些姿势一开始对我们来说太难了，但现在我们经常做。更先进的 HCAI 想法将包括一些社交功能，即允许与他人分享，或将用户与行为相似、居住在附近或分享某些历史记录的人相匹配。另一个有用的功能是，在每次运动结束时，计算机视觉算法会对风格进行评估，并给出个性化的反馈，指导用户哪些提升会对他有帮助，或者用户是否具备提升到更高等级的能力。

对于那些建立个人健康记录（有时被称为量化自我）的人来说，每次锻炼的记录可以与其他数据列在一起，例如步数、睡眠、体重、心率和血压，以跟踪健康状况的变化。私人教练还会通过测量肌肉力量和运动范围以跟踪锻炼进度，计算机视觉算法和传感器可以提供其中的部分数据。

与视频相比，这款设计良好的"下犬瑜伽"应用程序提供了更多的多样性和用户控制。去健身工作室参加课程或接受个人指导很有吸引力，但用户在家里自由选择锻炼时间的便利性对大多数人来说同样也受益颇丰。与苹果智能手表相关的苹果 HealthKit 项目、谷歌健康与 Fitbit 公司的合作项目，以及许多其他商业、学术和政府研究小组都在进行一系列问题的研究，包括运动、身体健康、情绪、压力和认知能力之间的关系。

正在出现的一种可能是，人们将能够集成拥有丰富数据的个人健康记录，与医疗保健提供者集成的实验室检测、治疗和医生记录等电子健康记录相比后发现，个人健康记录提供了更详细的信息。对患者和提供者生成的健康数据进行 HCAI 驱动的分析，系统可以得出在治疗、饮食、锻炼和改变生活方式方面的益处和副作用的有价值见解，并指导个人如何改善其健康。基于机器学习、统计学和交互式可视化的新型数据分析方法的发展，将充分利用对照、随机临床试验策略和长期观察数据的最佳特征。这些想法的早期阶段，主要关注如何收集数据，例如"病人如我"（PatientsLikeMe）项目，以及政府收集数百万人的基因和其他数据的大规模努力，还有"我们所有人"（All of Us）项目，它已经产生了有用的结果。

老年人越来越活跃，催生了包含几十个体育项目的世界大师运动会和老年奥运会。与典型的体育比赛一样，虽然只有小部分的人可以成为选手，但看到老年人参加田径比赛、网球等竞技比赛，以及展示滑雪或花样滑冰等技能，这会激励更多人参加体育运动，并参加当地或地区的比赛。基于计算机视觉和传感器数据的 HCAI 技术，可能有助于为个别老年人量身定制训练，并监控其表现以防止跌倒或其他伤害。通过使用靴子上的传感器和腿上的跟踪器，由人工智能驱动的滑雪训练系统可以通过耳机提供语音指导。

虽然监控日常身体活动（如步数或心率）的确很重要，但让老年人自己选择参与哪些活动和监控哪些活动的设计可以建立他们对可穿戴设备的主动权和所有权。当老年人能够设定自己的目标并与他人分享他们的表现时，他们往往会更频繁地使用跟踪设备。当设计团队中有老年人参与时，这些设计改进就会自然而然地出现，同时也会针对老年人进行可穿戴设备的测试。

除了健康和保健之外，老年人还在志愿工作、筹款和担任董事会成员等方面发挥重要作用，或是社区、政治、消费者和文化团体的领导人。他们带来他们的经验和技能，向年轻人传授他们所知道的知识，并帮助开展有意义的项目，从而丰富他们的日常生活。例如，在新冠疫情期间，英国的老兵汤姆·摩尔（Tom Moore）上尉用他的助步车绕着花园跑了100圈，以庆祝他的100岁生日，并为英国国家卫生服务慈善机构筹集了4 000多万美元的善款。来自100多万人的捐款使摩尔上尉享誉全球，鼓舞了许多人，因此他被英国女王伊丽莎白二世（Queen Elizabeth II）授予了爵士头衔。为了继续他的工作，支持者们成立了汤姆上尉基金会。对于希望在其所在地区寻找到可以利用他们技能的项目的老年人来说，网络搜索引擎是一个良好的开端，但HCAI推荐系统可以提供更好的控制面板，帮助老年人更方便地探索适合他们的项目和机会。

老年人和年轻人在政治、环境或社区活动方面的合作是一种日益增长的趋势。他们联手在附近的花园或菜园工作，以建立社区精神，或为有需要的家庭提供食品帮助。对于那些对自然感兴趣的人来说，民间科学项目可能会吸引他们收集鸟类、野生动物、昆虫和植物的数据。这些项目拥有数百万的贡献者，并产生了有影响力的科学论文。即使在95岁高龄，英国自然历史电影制片人大卫·爱登堡（David Attenborough）仍然创作出了引人入胜的节目，吸引了数亿人观看。他的纪录片展现了自然之美，并明确表达了人类应对气候危机的迫切性。英国女王伊丽莎白二世于1952年成为英联邦元首，终年96岁，这使她成为历史学家记录中在位时间最长的君主。尽管一些争议和事件令她的追随者感到失望，但她在英国和世界各地仍然

很受欢迎。

老年人的创业活动也可能增加，因为他们具备商业技能，并能够辨别出可以满足的需求。例如，80 岁的玛莎·斯图尔特（Martha Stewart）仍然是一位富有创新精神的企业家和杂志出版商，提供与烹饪、时尚、家居建议相关的产品和服务。在老年人中，更温和的商业成功可能来自电子商务或 Etsy.com 等网站上的手工艺品销售。《福布斯》（Forbes）商业杂志问道："年长的企业家是最好的企业家吗？"商业项目是老年人技术服务的目标之一，该项目推出了"利用技术改变我们衰老方式"的老年星球（Senior Planet）网站。

像摩尔上尉和斯图尔特这样的杰出故事是鼓舞人心的，但许多老年人面临慢性疾病、痴呆症或知觉、认知和运动障碍等限制。因此，为了建设一个令我们引以为傲的社会，我们需要大量投资于这些疾病和临终关怀。

综上，老年人的需求范围表明努力建设老年人关怀与 HCAI 可能会带来许多好处。本章介绍了三个示例，说明了如何有效地应用人工控制和计算机自动化来支持老年人实现独立生活、提高自我效能和促进身心健康，但照顾老年人并向他们学习不仅仅依赖于出色的技术设计。这需要家人、朋友、社会和家庭护理人员的共同参与，他们的努力应该得到重视和赞赏。同时，老年人也在寻求有意义的项目，通过分享他们的知识和贡献他们的技能，为他们的生活赋予意义。

第 27 章

总结及怀疑者困境

> **信任是社会的基础。没有真理，就没有信任；没有信任，就没有社会。哪里有社会，哪里就有信任；哪里有信任，哪里就有支撑它的东西。**
>
> ——弗雷德里克·道格拉斯（Frederick Douglass），《我们的多元民族性》（*Our Composite Nationality*），美国马萨诸塞州波士顿

在本书的开头，我承诺要提供一份指南和现实政策的路线图。该指南呼吁关注以人为中心的思维，并将科学、工程、设计、艺术、社会科学和人文等学科融合在一起。多学科相结合的方法将加速创造出尊重人类价值观（如权利、正义和尊严）的技术，并促进个人目标的实现，如自我效能、创造力、责任和社交关系（图 1.2）。

我们的设计目标是构建可靠、安全、可信赖的系统，推动种族公正、收入平等和环境保护方向的进步。通过共同努力，我们或许能够按照路线图实现有价值的目标，例如有关医疗、经济、教育、食品安全以及其他方面的联合国可持续发展目标。

一方面，我们应该关注受 HCAI 系统影响的众多利益相关者的令人钦佩的价值观、目标和愿望。另一方面，我们应该警惕恶意行为者、偏见和有缺陷的软件所带来的威胁。研究人员、开发人员、管理人员和政策制定者

应关注来自犯罪分子、极端组织和恐怖分子的外部威胁，同样也要注意到数据偏差、无意识偏见和有缺陷的软件在关键决策中可能带来的危险。在这段旅程中，我们需要对自己的能力持谦逊态度，对失败的可能性持开放态度，并随时准备接受新的想法，我们需要在遇到困难时有勇气做出正确的选择，同时在大胆的愿望与谨慎的需要之间寻求平衡。更快、更好的技术或许对这一进程有所帮助，但我们的最终目标是人类福祉和环境保护。

这些多层次的目标为人类广泛的参与和贡献提供了空间。怀疑论者可能会质疑研究人员和技术创新者是否愿意修改其工作以支持 HCAI 的思想和方法。这是一个合理的担忧，但人们对 HCAI 日益增长的兴趣是一个积极的迹象。研究人员开始认识到，他们必须考虑自己工作的积极和消极影响。会议计划委员会和期刊编辑委员会越来越倾向于从道德的角度来评估论文。科技公司的争议和损害赔偿责任正迫使商界领袖们逐渐意识到道德实践和可信赖性是他们的竞争优势。世界各地的政府机构都在加大努力，要求企业对自己的系统负起责任，并朝着改进监管方式和独立监督的方向发展。也许我需要用响亮的"喇叭"传达我的行动号召，甚至需要整个"铜管乐队"的支持，但我希望可以通过现实政策的"温和小提琴"和可行动议程的"有节奏的鼓点"这一"管弦组合"来引起关注。

致力于 HCAI 的非政府组织
和公民社会组织

此类别下有数百个组织，因此，如下仅简短地罗列一些典型组织。

美国保险商实验室（Underwriters Laboratories），该实验室成立于 1894 年，一直通过"增强信任"来"为一个更安全的世界而努力"，他们从测试和认证电子设备开始，到在全球范围内评估和制定自愿性行业标准。该实验室庞大的国际网络已经成功地开发出了更好的产品和服务，因此其解决 HCAI 问题似乎是自然而然的。

布鲁金斯学会（Brookings Institution），该学会成立于 1916 年，是位于华盛顿特区的非营利公共政策组织，是人工智能和能源技术倡议的发源地。该学会通过出版报告和书籍，召集政策制定者和研究人员参加会议，关注管理问题，并"寻求弥合行业、公民社会和政策制定者之间日益扩大的鸿沟"。

电子隐私信息中心（EPIC），该中心成立于 1994 年，是位于美国华盛顿特区的公共利益研究机构，致力于"公众关注新出现的隐私和公民自由问题，并在信息时代保护隐私、言论自由和民主价值观"。该中心举办会议、提供公共教育、提交法庭之友简报、从事诉讼以及在国会和政府组织面前作证。其最近工作强调了监控和算法的透明度等人工智能问题。

算法正义联盟（Algorithmic Justice League），该联盟源自埃默里大学，旨在引领"一场迈向公正、负责任人工智能的文化运动"。该联盟结合了"艺术和研究，以阐明人工智能的社会影响和危害"。在大型基金会和个人

的资助下，联盟在证明偏见方面做出了有影响力的贡献，尤其是人脸识别系统。其工作卓有成效地改进了领先企业系统的算法和训练数据。

当代人工智能研究所（AI Now Institute），该研究所位于纽约大学，是一个跨学科的研究中心，致力于研究人工智能的社会影响。该机构强调四个核心领域：权利与自由、劳动与自动化、偏见与包容、安全与关键基础设施。研究所设有研究会、座谈会和研讨会，以教育和检测人工智能的社会影响。

数据与社会（Data and Society），是一家总部位于纽约的独立非营利组织，旨在研究以数据为中心的技术和自动化的社会影响……该组织对人工智能和自动化、技术对劳动和健康的影响、线上虚假信息等主题进行了原创研究。

负责任机器人基金会（Foundation for Responsible Robotics），是一家总部位于荷兰的组织，其口号是"对机器人背后人类负责的创新"，其使命是"塑造负责任的（基于人工智能的）机器人设计、开发、使用、监管和实施的未来"，并通过组织和举办活动、发布咨询文件以及建立公私合作来达成。

AI4ALL，是一家总部位于美国加利福尼亚州奥克兰市的非营利组织，其致力于"让未来的多元化背景、视角和声音释放人工智能造福人类的潜力"。该组织赞助了一些教育项目，例如在美国和加拿大为不同的高中生和大学生（尤其是女性和少数族裔）举办的暑期学院，以促进人工智能造福社会。

ForHumanity，是一家公共的慈善机构，负责调查和分析与人工智能和自动化相关的负面风险，例如"对就业、社会、公民权利和自由的影响"。该机构认为，在企业和公共政策层面对人工智能系统进行独立审计，同时涵盖信任、道德、偏见、隐私和网络安全方面，是建立可信任基础设施的关键途径。该机构还认为，"如果我们让安全和负责任的人工智能和自动化有利可图，同时让危险和不负责任的人工智能和自动化代价高昂，那么全人类都是赢家"。

未来生活研究所（Future of Life Institute），是一家总部位于美国波士顿的慈善机构，致力于解决美国、英国和欧盟的人工智能、生物技术、核能和气候问题。该机构寻求"促进并支持保护生命的研究和倡议，发展对未来的乐观愿景，包括人类在考虑到新技术和挑战时能够以积极的方式引导自己的道路"。

人工智能和数字政策中心（Center for AI and Digital Policy），是迈克尔·杜卡基斯领导与创新研究所的一部分。其网站称其旨在"确保人工智能和数字政策促进一个更美好、更公正、更正义、更负责任的社会——一个基于基本权利、民主制度和法治且技术促进广泛社会包容的世界"。该中心每年都会对 25 个国家的表现进行评估，并发布关于人工智能和民主价值观的广泛报告。

附录 B

致力于 HCAI 的专业组织和研究机构

此类别下有数百个组织，因此，如下仅简短地罗列一些典型组织。其中，部分组织可以在维基百科上找到。

电气和电子工程师协会（IEEE），该协会发起了一项全球倡议，该倡议提出在人工智能和自主系统设计中考虑道德因素。该协会是一个孵化器，为智能技术的道德实施提供新的标准和解决方案、认证和行为准则，并建立共识。

该协会关于人工智能及自主系统的道德考虑的全球倡议起源于大型专业工程学会，该倡议在三年多的时间里召集了 200 多人，并发布了一份有影响力的报告《道德一致的设计：将人类福祉与人工智能和自主系统优先考虑的愿景》。

美国计算机协会（ACM），该协会是一个在计算领域拥有 10 万名成员的专业协会，一直在积极发展负责任计算的原则和道德框架。美国计算机协会的技术政策委员会提供的一份报告中包括了算法问责和透明度的七项原则。

人工智能促进协会（AAAI），该协会是一个非营利性科学协会，致力于促进对思想和智能行为背后的机理及其在机器中的体现的科学理解。人工智能促进协会旨在促进人工智能的研究和负责任的使用。该协会经常与美国计算机协会联合举办行业会议、座谈会和研讨会，将研究人员聚集在一

起展示新的工作，并对该领域的新人提供培训。

经济合作与发展组织人工智能政策观察（OECD AI Policy Observatory），这是经济合作与发展组织的一个项目。该项目同政策专业人士合作，"考虑人工智能领域的机遇和挑战"，并"利用经济合作与发展组织在测量方法和循证分析方面的声誉，提供一个收集和共享的人工智能证据中心"。

先进自动化协会（Associaton for Advancing Automation），该协会成立于1974年，前身为机器人工业协会，是一个北美贸易组织，该组织"通过教育、推广和改进机器人、相关自动化技术以及提供集成解决方案的公司，推动制造业和服务业的创新、增长和安全"。

机器智能研究所（MIRI），该研究所是一家非营利性研究机构，旨在研究智能行为的数学基础。其任务是为通用人工智能系统的简洁设计和分析开发正式的工具，目的是使此类系统在开发时更安全、更可靠。

Open AI，是一家总部位于旧金山的研究机构，"将尝试直接构建安全且有益的人工通用智能（AGI）……这将造福全人类"。他们的研究团队得到了企业投资者、基金会以及私人捐赠。

人工智能伙伴关系（The Partnership on AI），是由六家最大的科技公司于2016年建立的组织，拥有100多个行业、学术界和其他合作伙伴，他们"就人工智能对人类和社会的益处塑造最佳实践、研究和公开对话"。该组织资助了人工智能伙伴关系，进行研究、组织讨论、分享见解、提供思想领导力、向相关第三方咨询、回应公众和媒体的问题，并创建教育材料。

蒙特利尔人工智能道德研究所（Montreal AI Ethics Institute），该研究所是一家国际性、非营利性的研究机构，致力于在这个越来越受算法特征和驱动的世界中定义人类的位置。其网站称："我们通过在人工智能的道德、

安全和包容性发展方面开展切实可行的应用技术和政策研究来实现这一
目标。我们是一个国际非营利组织，旨在帮助关注人工智能的公民采取
行动。"

我为何热衷于以人为中心的方法

> 创造力取之不尽，用之不竭，越用越多。
>
> ——马娅·安杰卢（Maya Angelou）

　　虽然有越来越多的学者使用 HCAI 方法，但仍然有许多研究人员和从业人员抵制这种方法，并对之缺乏兴趣。那为什么我如此渴望将人工智能的研发扩展到 HCAI 呢？在被研究人员、从业人员、商业领袖和政策制定者广泛接受的主流主题之外，为什么我认为还有另一种选择呢？因为，我渴望看到广泛的群体转变，并使群体认识到：以人为中心这一态度的必要性和益处。这些变化映射了我自己早些时候的思维转变。

　　我曾作为一名数学和物理专业的本科生，满怀热情地撰写了一篇关于人工智能和神经网络的可能性的文章，并发表于纽约城市大学城市学院的工程杂志上。我曾规划获得美国卡耐基梅隆大学的丰厚奖学金，并跟随人工智能领域的领军人物艾伦·纽威尔（Allen Newell）和赫伯特·西蒙（Herbert Simon）攻读博士学位，但我的学业因越南战争而受阻。相反，我在一所两年制的社区大学——位于美国纽约长岛法明代尔的纽约州立大学——教授数据处理，为国家服务了三年。这使我步入了数据库系统这一新兴课题，并于 1973 年成为纽约州立大学石溪分校第一位计算机科学博士。

尽管我越来越受到英国教授马歇尔·麦克卢汉（Marshall McLuhan）等思想家的影响，但在我人生的这个时期，我理性主义的一面依然很强烈。麦克卢汉的著作，尤其是《理解媒介：论人的延伸》（*Understanding Media: The Extensions of Man*）一书，对我产生了深远的影响。他对全球电子村的描述预示着万维网的出现，他对冷媒介和热媒介的讨论有时令人费解，这让我更深入地思考技术对人类体验的影响。麦克卢汉的理论解释了文本的线性，即每个词都以有序的方式跟随是如何导致隐私和专业化的。这一想法激发了我对专业选择的偏好，我更喜欢更广泛的跨学科方法，我兼收并蓄的兴趣促使我学习了心理学、摄影学、社会学等科学与工程之外的其他学科。

作为印第安纳大学的助理教授，我打破了传统的计算机科学，与一位年轻的心理学同事理查德·梅尔（Richard Mayer）合作，他在实验方法和统计学方面对我进行了培训。我开始研究程序员的表现，以改进编程语言和工具的设计。在印第安纳州的布卢明顿市心满意足地度过了三年之后，我去了马里兰大学，在那里我与心理学家南希·安德森（Nancy Anderson）和肯特·诺曼（Kent Norman）建立了密切的合作关系。当时我还在教授编程和数据库系统，我就致力于研究设计技术以增强人们的能力，就像个人电脑刚刚兴起一样——这拉开了人机交互的新领域。

我的奇异想法促成了前瞻性书籍《软件心理学：计算机及信息系统中的人为因素》（*Software Psychology: Human Factors in Computer and Information Systems*），后简称《软件心理学》出版。令我高兴的是，这本书被两个计算机科学月度图书俱乐部选为特色读物，并迅速引发了人们对这个新话题的关注。我的偶像之一、人工智能研究负责人艾伦·纽维尔在1985年的一次主题演讲中，将《软件心理学》作为其转向人机交互研究的灵感来源，这让我感到更加自豪。

　　我的另一个灵感来源是，我有机会在 J. C. R. 利克莱德访问马里兰大学时接待他，他于 1960 年发表的《人机共生》（*Man-Computer Symbiosis*）的文章被许多人视为支持计算机将成为人类的伙伴、与人类平等的观点，但利克莱德明确区分了人类和计算机："在预期的共生伙伴关系中，男性和女性将设定目标、提出假设、确定标准，并进行评估。计算机器将完成必需的日常工作，为技术和科学思维的洞察力和决策奠定基础。"利克莱德明白，计算机所做的工作与人类不同，在他看来，人类负责指导工作、获得洞察力，并做出决定。他邀请我去麻省理工学院进行访问，并冷静温和地鼓励我从事用户界面设计的心理学研究。

　　我的另一位偶像是道格·恩格尔巴特，他基于 20 世纪 60 年代对增强人类能力的研究提出了许多基本思想，比如在屏幕上移动光标的鼠标。他的想法发展成为现代图形用户界面和协作计算。恩格尔巴特以人为中心的方法挑战了人工智能领域的领导者，因此这些领导者撤销了他的专款。由于担心自己的工作被忽视，他在 1998 年获得美国计算机协会人机交互学会终身成就奖时非常感动，几乎热泪盈眶，他对这些问题的热情由来已久。

　　约瑟夫·魏森鲍姆的《计算机能力与人类理性：从判断到计算》（*Computer Power and Human Reason: From Judgment to Calculation*）一书中进一步提出了人类价值在技术中的重要性，并重申了计算机与人类之间的区别。虽然在 20 世纪 60 年代中期，魏森鲍姆的聊天机器人 ELIZA 引起了人们极大的兴趣，但令他感到震惊的是，有人认为这是迈向基于计算机的心理治疗和类人对话的一步。魏森鲍姆向我们展示了计算机可以通过编程来用自然语言做出反应，但他强烈指出，人类具有独特的推理能力，具有深刻的社会性，并被强烈的激情所驱动，这与计算机截然不同。

　　魏森鲍姆对其同行的批评鼓励了我在《软件心理学》中对人工智能的想法和系统提出质疑。我对特里·威诺格拉德（Terry Winograd）于 1972 年发表的颇具影响力的麻省理工学院博士论文中提出的自然语言理解研究尤其严苛，他的 SHRDLU 机器人能对范围很窄的命令做出响应，该命令仅涉及几个名词和动词，例如"捡起红色方块"，但他的工作被视为一个重大突破。对我来说，他的论文题目"理解自然语言"本身就是一种恼人的夸张。

当威诺格拉德与费尔南多·弗洛雷斯（Fernando Flores）合著的《理解计算机与认知》（*Understanding Computers and Cognition*）一书中提到"计算机无法理解自然语言"时，我很高兴。他们还写道，"在设计工具时，我们正在设计一种存在的方式"，其中一个重要问题是如何制造"适合人类目的的机器"。我打电话给威诺格拉德，并同他讨论工作。当他把我对 SHRDLU 机器人的批评推荐给学生时，我对他言语的担忧就烟消云散了。我们的立场比我预想的更加和谐。从那时起，我们建立了一种温和的同事关系。他在软件设计方面的工作，以及他通过领导的计算机社会责任专家联盟对技术政策问题的倡导，都激励了我。威诺格拉德还因指导谢尔盖·布林（Sergei Brin）和拉里·佩奇（Larry Page）而闻名，他们于 1998 年共同撰写了一篇论文，为谷歌大获成功的搜索工具奠定了算法基础。

威诺格拉德从人工智能研究人员转变为人机交互思想领袖，这表明人们的思维向以人为中心的思维转变是可能的，但许多以技术为重点的研究人员仍然致力于人工智能，即使跨学科的以人为中心的方法得到了加强。为了加速这一运动，1982 年春天，在美国国家科学技术研究院（当时的美国国家标准局）召开的一次会议上，我牵头了一项工作，并召集了 200~300 名心理学、人为因素和计算机领域的科学研究人员。令我们惊讶的是，有 906 人出席了会议，这加快了人机交互的研究。在这一惊人成功的鼓舞下，我们和其他人组成了一个专业团体——美国计算机协会人机交互学会，该团体一直在举办会议，如今，该团体举办的会议每年能吸纳 4 000 人，且在世界各地有 30 多个附属会议。

由于以人为中心的个人电脑的出现，关于人机交互的会议、期刊和课程数量都在稳步增长。1981 年，我提出了直接操作用户界面的想法，用户可以在屏幕上单击、拖放对象来完成工作。后来我了解到，伊万·萨瑟兰（Ivan Sutherland）在 1963 年展示了一些例子，但我受到了空中交通控制系统以及某些游戏的影响，尤其是意大利教育家玛丽亚·蒙台梭利（Maria Montessori）和瑞士心理学家吉恩·皮亚杰（Jean Piaget）关于通过控制来教育孩子的想法。通过鼠标或触摸屏进行手眼协调操作，描述并解释了当前的成功，为视觉隐喻奠定了术语和心理学基础。这种直接操纵是引导我开发高亮可选择链接的指导概念，这是 Hyperties 商业产品的一个关键思想，也是蒂姆·伯纳斯－李（Tim Berners–Lee）1989 年的万维网宣言的一个组成部分。这也促成了我们在微型触摸屏键盘上的工作，并能为照片添加标签。

1983 年，马里兰大学计算机视觉研究领域的领军人物阿兹里尔·罗森菲尔德（Azriel Rosenfeld）教授邀请我组建人机交互实验室，这给了我很大的鼓舞。我们的实验室在促进用户界面设计、理论、指南和经验研究方面处于早期领先地位，在 1986 年的第一版《用户界面设计：有效的人机交互策略》（Designing the User Interface: Strategies for Effective Human–Compute Interaction）中描述了这些内容。史蒂夫·乔布斯（Steve Jobs）的苹果电脑为这一领域注入了活力，他认为，以人为中心的立场是"技术与艺术结合，与人文学科结合，为我们带来了心动的结果"。1988 年 10 月，他拜访了我们位于马里兰大学的实验室，这让我印象深刻，也让我为苹果公司做了 5 年的顾问。这个故事和其他故事都记录在人机交互的影像历史中:《与人机交互先驱的相遇：个人历史和照片杂志》（Encounters with HCI Pioneers: A Personal History and Photo Journal）。

尽管人机交互是一个不断发展的研究领域，但由于行业力量认为人工智能代理和机器人将很快普及，人工智能获得了更大的发展势头。争议不断扩大，引发了几次公开辩论，并最终在 1997 年的一次交锋中达到高潮，当时我和帕蒂·梅斯（Pattie Maes）阐述了我们对人工智能和人机交互的看法。梅斯是一位受人尊敬的麻省理工学院媒体实验室教授，曾被《时代》（Time）杂志评为网络精英，同时也被《人物》（People）杂志列入全世界最美的 50 人。我的大胡子形象让一些人把我们的辩论称为美女与野兽的较量。

这些辩论引起了人们的兴趣，并阐明了关于未来技术的两种看法，我在第 14 章中已对此进行了描述。梅斯主张让机器人代理了解你的习惯并主动提供你想要的东西，甚至在你意识到你想要它之前。我主张人类的主动性，以及通过点击、拖拽和拖放显示器上的对象以完成工作的能力。我担心她的方法会出差错，她认为我要求用户自己做所有的事情的方法太乏味。

20 年后，我们在 2017 年美国计算机协会人机交互学会的会议上再次相遇，每个人都从过去的事件中变得更明智，愿意承认我们的错误。梅斯成为增强技术会议的创始人，她的麻省理工学院软件代理实验室演变成了流体界面实验室，这表明她也看到了以人为中心的方法的价值，这让我看到了更广泛变革的希望。

随着我对用户界面和用户体验设计的研究日趋成熟，我开始重视呈现数据、关系、模式和过程的可视化用户界面。约翰·图基（John Tukey）的著名著作《探索性数据分析》（Exploratory Data Analysis）声称，更快速的计算机和更高分辨率的显示器使得数据的交互式探索变得更加容易。受到提高人类理解周围世界能力的潜力的启发，我把精力转向支持交互式可视化数据探索，也就是现在所说的信息可视化。即使是我们早期的示例也带来了关于缺失、不正确或异常数据的宝贵见解，鼓励我们使用户能够收集有关他们数据的见解，但我们的团队很快发现，当用户发现之前隐藏的模式，如集群、差距、关系和异常值时，他们会非常兴奋。

在一次匆忙准备的会议主题演讲中，我宣布了一个简洁的信息可视化口号："先概览，放大并过滤，然后按需提供细节。"这句话表明，可视化界面应该从显示所有数据开始，即使有数十亿个数据项，然后允许用户放大他们想要的内容，过滤掉他们不想要的内容，然后单击以获得所需的详细信息。这个口诀是一个简单指南，来源于我对用户热情的观察。尽管描述这一口诀的论文发表在一个二级会议上，但该论文已经有 7 000 多次引用，对于一个没有研究结果支持的简单指南来说，这是一个惊人的数字。我认为推动其成功的原因在于，其概述有助于为用户定位，邀请用户操作控制面板，以之前不可能的方式快速探索。

从正在探索深度学习算法复杂性的开发人员开始，可视化用户界面已经成为理解 HCAI 系统复杂性的强大工具。可视化的用户界面对于那些想要易于理解的推荐系统的消费者，以及需要做出重要决策的商业领袖来说，也是一份馈赠。此外，可视化用户界面也让操作人员能够更好地控制用于制造、运输和医疗保健的机器人系统。可视化用户界面越来越向着成为 HCAI 系统的一部分发展。

另一个教训是，人们有强烈的与其他人交流的愿望，包括交换信息、分享照片、讲述故事或组建和协调团队。在新冠疫情期间，Zoom 视频会议和相关系统的蓬勃发展加速了这些工具的开发。然而，由于人们长时间盯着显示屏会产生疲劳，这激发了更有创意的社交设计，如 Gather.town、Kumospace 及其竞争对手，它们的系统都建立在类似游戏的空间环境中。这些系统将被编入未来的 HCAI 系统，以促进这一原则：人在群体中，计算机在循环中。

有创造力的研究人员和开发人员将应用 HCAI 设计来推进保护权利、获得正义和支持尊严的人类价值观。创新人士知道，通过增强自我效能、创造力、责任感和社交关系，他们将获得从他们的设计中受益的忠实用户。此外，他们必须保持警惕，减少来自恶意行为者、无意识和有意识的偏见、

有缺陷的软件等无处不在的威胁。其他挑战包括克服种族歧视、缩小收入不平等以及恢复破坏的环境，这些都是联合国可持续发展目标的一部分。我非常满意地看到在过去 40 年中取得的进展，尽管它永远不会十全十美。当然，还有很多工作要做，但我仍然乐观地认为，最好的时刻还没有到来，我已经准备好尽自己的一分力量。